## Herzlich willkommen bei Familie Lerndrache!

Super, dass du mit uns üben und lernen möchtest! Du wirst sehen: Mit uns macht das richtig viel Spaß! Wir haben viele Tipps für dich und helfen dir, sodass du bald fit in Mathe bist.

Name: Lizzy Lerndrache
Das mag ich: Sport, vor allem Reiten und Ballett; schöne Kleider und meine Perlenkette; meine Familie, besonders meinen Bruder Lenny (meistens jedenfalls)
So bin ich: erfinderisch und ganz schön schlau
So helfe ich dir: Ich habe extra clevere Tipps für dich. Und bei den Tests überreiche ich dir die Siegerurkunde.

Name: Lenny Lerndrache
Das mag ich: Sport; alles, was mit Technik zu tun hat; Feuer spucken; meine Familie, besonders meine Schwester Lizzy (meistens jedenfalls)
So bin ich: hilfsbereit und neugierig
So helfe ich dir: Ich sage dir alles, was du dir merken solltest. Außerdem gebe ich den Startschuss für die Tests!

Name: Floh Lerndrache (Baby)
Das mag ich: Quatsch!
So bin ich: frech und noch klein, daher kann ich kaum reden und leider noch nicht fliegen
So helfe ich dir: Ich mache Unfug und sorge dafür, dass du beim Lernen was zu lachen hast.

Name: Nepomuk Lerndrache (Opa)
Das mag ich: fliegen und Saltos schlagen; mit meinem Stock zaubern; faulenzen; meine Enkelkinder
So bin ich: gemütlich, manchmal kann ich auch richtig frech sein
So helfe ich dir: Ich verrate dir meine ganz persönlichen Eselsbrücken. Außerdem erinnere ich dich daran, auch mal eine Pause zu machen!

# So funktionieren deine extra Online-Übungen

Du willst noch mehr üben? Du übst gerne am Computer? Kein Problem! Im Internet findest du zu jedem Unterkapitel aus deinem Trainingsbuch weitere Übungen, die dich richtig fit in einem Thema machen. Und so geht's:

1. **Gehe gemeinsam mit deinen Eltern** auf www.klett.de/lerndrachen-training, und melde dich mit ihrer Hilfe kostenlos mit einer E-Mail-Adresse und einem Passwort an.

2. **Wähle auf der nächsten Seite dein Trainingsbuch aus.** Klickst du dein Buch an, erhältst du eine Übersicht über alle Kapitel aus deinem Buch, zu denen es extra Übungen gibt.

3. **Gib nun deinen Online-Buch Code MR9SH14 ein**, bestätige die Eingabe mit Enter, und alle extra Übungen zu deinem Trainingsbuch sind für dich freigeschaltet.

4. **So übst du:** Wenn du die Übungen freigeschaltet hast, suche dir ein Thema aus, das du üben möchtest. Du kannst die Übungen zu einem Thema beliebig oft wiederholen oder abbrechen und später beenden.

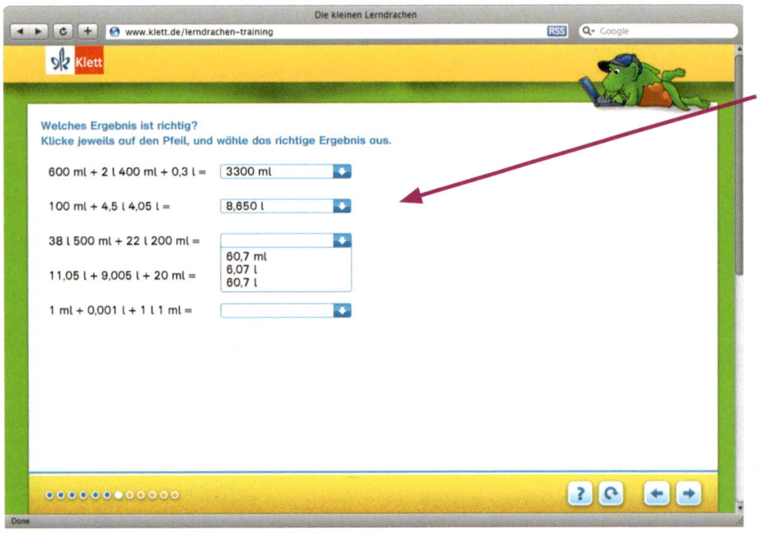


5. **Bearbeite nun die Übungsaufgaben.** Lies dabei zuerst ganz genau die Aufgabenstellung.

6. **Überprüfe** am Ende deine Ergebnisse mit den Lösungen.

## Rechnen mit Größen



## Geometrie



## Textaufgaben

**Hallo liebe(r) ______________________________!**

(Trage hier deinen Namen ein.)

In diesem Buch findest du alles, was du im Fach Mathematik in der 4. Klasse wissen solltest. Such dir gezielt ein Thema aus, das du wiederholen und üben möchtest. Natürlich kannst du auch das ganze Buch durcharbeiten. Übe aber lieber öfters kurze Zeit als nur einmal stundenlang. Eine Doppelseite pro Tag ist die ideale Lernportion, die du auch nach den Hausaufgaben noch gut schaffen kannst. Viel Erfolg!

Das bedeuten die unterschiedlichen Zeichen:

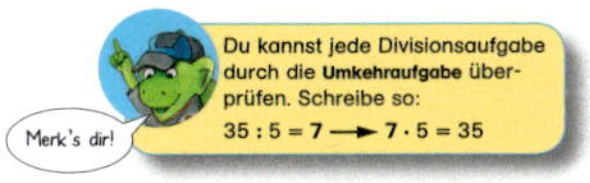


**Merkkasten** – Lenny fasst in den gelben Merkkästen alles Wichtige für dich zusammen. Präge dir diese Regeln gut ein.

**Für-Könner-Aufgabe** – Aufgaben mit diesem Symbol sind etwas schwieriger.

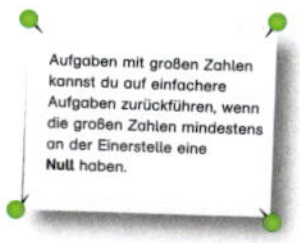


**Regel-Übersichten** – Am Ende von jedem Kapitel findest du auf einen Blick die wichtigsten Regeln.

**online üben** – Im Internet findest du noch mehr Übungen zu jedem Kapitel. Lies dazu Seite 2.

**Tests** – Mit dem Test am Ende des Kapitels kannst du überprüfen, wie gut du schon bist. Die Lösungen, die Punktevergabe und eine Bewertung deines Ergebnisses findest du im Lösungsheft.

**Lösungsheft** – Du findest es im hinteren Umschlag.

**Fachbegriffe** – Auf Seite 128 findest du wichtige Fachbegriffe.

PS: Schriftlich subtrahieren kannst du auf zwei Arten: durch Abziehen oder Ergänzen. In diesem Buch werden beide Möglichkeiten erklärt. Übe einfach das Verfahren, das du in der Schule gelernt hast.

In diesem Kapitel findest du eine Menge Aufgaben, mit denen du deine Rechenfertigkeiten trainieren kannst. So arbeitest du mit magischen Quadraten, Tabellen, Verknüpfungstafeln und Aufgabenketten. Außerdem wiederholst du, wie du dir das Rechnen durch Weglassen von Nullen, Zerlegen der Zahlen und Verändern der Aufgaben erleichtern kannst.

## Kopfrechnen

**1** Rechne diese Aufgaben im Kopf.

| a) | b) | c) |
|---|---|---|
| 7 + 9 = 16 | 15 − 8 = 7 | 35 + 6 = 41 |
| 27 + 9 = 36 | 35 − 8 = 27 | 47 − 8 = 39 |
| 67 + 9 = 76 | 65 − 8 = 57 | 79 + 4 = 83 |
| 87 + 9 = 96 | 45 − 8 = 37 | 81 − 6 = 75 |

Das Rechnen mit großen Zahlen findest du vielleicht zunächst verwirrend. Denke daher an die **einfachere Aufgabe**. Zum Beispiel:

| | | | |
|---|---|---|---|
| | 40 + 90 = 130 | | 150 − 70 = 80 |
| denke an: | 4 + 9 = 13 | denke an: | 15 − 7 = 8 |
| | 540 + 70 = 610 | | 620 − 50 = 570 |
| denke an: | 54 + 7 = 61 | denke an: | 62 − 5 = 57 |

**2**

| a) | b) | c) |
|---|---|---|
| 70 + 60 = 130 | 160 − 90 = 70 | 30 + 80 = 110 |
| 80 + 90 = 170 | 120 − 50 = 70 | 140 − 70 = 70 |
| 50 + 60 = 110 | 110 − 40 = 70 | 40 + 90 = 130 |
| 60 + 70 = 130 | 170 − 80 = 90 | 110 − 50 = 60 |

**3**

| a) | b) | c) |
|---|---|---|
| 820 + 90 = 910 | 670 − 90 = 580 | 170 + 90 = 260 |
| 650 + 60 = 710 | 810 − 20 = 790 | 210 − 30 = 180 |
| 130 + 80 = 210 | 380 − 20 = 360 | 880 + 40 = 920 |
| 750 + 50 = 800 | 540 − 50 = 490 | 430 − 40 = 390 |

## Rechnen mit magischen Quadraten

Diese Quadrate besitzen interessante Eigenschaften. Findest du sie? Schau dir dieses Beispiel an:

**Beispiele**

| | | |
|---|---|---|
| 4 | 9 | 2 |
| 3 | 5 | 7 |
| 8 | 1 | 6 |

15

a) $4 + 9 + 2 = 15$
b) $4 + 3 + 8 = 15$
c) $4 + 5 + 6 = 15$

**1** Verwende das Quadrat aus dem Beispiel.

a) Überprüfe nun die Summen in den anderen Zeilen.

b) Welche Summen ergeben sich in den anderen Spalten?

c) Kontrolliere auch die Summe in der zweiten Diagonalen.

In **magischen Quadraten** sind die Summen in den Zeilen, Spalten und Diagonalen immer gleich groß.

**2** Überprüfe, welches dieser Quadrate kein magisches Quadrat ist. Kannst du den Fehler berichtigen?

a)

| | | |
|---|---|---|
| 8 | 13 | 6 |
| 7 | 9 | 11 |
| 12 | 5 | 10 |

27

b)

| | | |
|---|---|---|
| 8 | 9 | 4 |
| 3 | 7 | 11 |
| 10 | 2 | 6 |

21

Für Könner!

**3** Jetzt sollst du unvollständige Quadrate zu magischen Quadraten ergänzen. Die Zahl unten rechts neben dem Quadrat gibt an, welche Summen sich jeweils in Zeilen, Spalten und Diagonalen ergeben.

Die beiden farbigen Felder in Quadrat a) kannst du sofort ergänzen. Berechne dann das Feld in der Diagonalen. Es ist nun leicht, die noch fehlenden Zahlen einzutragen.

a)

| | | |
|---|---|---|
| 70 | | 50 |
| | | |
| | | 90 |

240

b)

| | | |
|---|---|---|
| 130 | | |
| | 100 | 140 |
| | | |

300

c)

| | | |
|---|---|---|
| | | 13 |
| 16 | 12 | |
| | | |

36

d)

| | | |
|---|---|---|
| | | 13 |
| | 14 | |
| | | 11 |

42

## Addieren und subtrahieren in Tabellen

In diesen Quadraten kannst du leicht überprüfen, ob du richtig gerechnet hast: Es gibt eine **Kontrollzahl**.

**Beispiele**

### Mit Kontrollzahlen rechnen

In jeder Zeile und Spalte sollen hier die Zahlen addiert bzw. subtrahiert werden. Rechne so:

(+ → , + ↓)

| | | |
|---|---|---|
| 5 | 9 | 14 |
| 7 | 8 | 15 |
| 12 | 17 | 29 |

5 + 9 = 14

5 + 7 = 12

Kontrollzahl: 29

(− → , − ↓)

| | | |
|---|---|---|
| 60 | 25 | 35 |
| 20 | 9 | 11 |
| 40 | 16 | 24 |

60 − 25 = 35

60 − 20 = 40

Kontrollzahl: 24

**1** Kontrolliere die Tabellen. In einer steckt ein Fehler. Berichtige ihn.

a) (+ → , + ↓)

| | | |
|---|---|---|
| 12 | 15 | 27 |
| 9 | 8 | 17 |
| 21 | 23 | 44 |

b) (− → , − ↓)

| | | |
|---|---|---|
| 30 | 12 | 18 |
| 14 | 7 | 7 |
| 16 | 6 | 11 |

**2** Fülle die leeren Kästchen aus. Prüfe deine Rechnungen, indem du alle möglichen Additionen und Subtraktionen ausführst.

a) (+ → , + ↓)

| | | |
|---|---|---|
| 120 | 140 | 260 |
| 110 | 90 | 200 |
| 230 | 230 | 460 |

b) (+ → , + ↓)

| | | |
|---|---|---|
| 180 | 70 | 250 |
| 90 | 150 | 240 |
| 270 | 220 | |

c) (− → , − ↓)

| | | |
|---|---|---|
| 55 | 15 | 40 |
| 40 | 8 | 32 |
| 15 | 7 | 8 |

Für Könner! **3** Ergänze die fehlenden Werte in den Quadraten.

!

a) (+ → , + ↓)

| | | |
|---|---|---|
| 151 | 31 | 182 |
| 44 | 81 | 125 |
| 195 | 112 | 307 |

b) (− → , − ↓)

| | | |
|---|---|---|
| 419 | 31 | 388 |
| 96 | 15 | 81 |
| 323 | 16 | 307 |

## Schrittweise addieren und subtrahieren im Dreieck

Rechendreiecke helfen dir, in Schritten zu rechnen.
So kommst du sicherer ans Ziel.

**Beispiele**

**Mit Dreiecken rechnen**

Rechne durch Zerlegen:

56 + 37 = ________

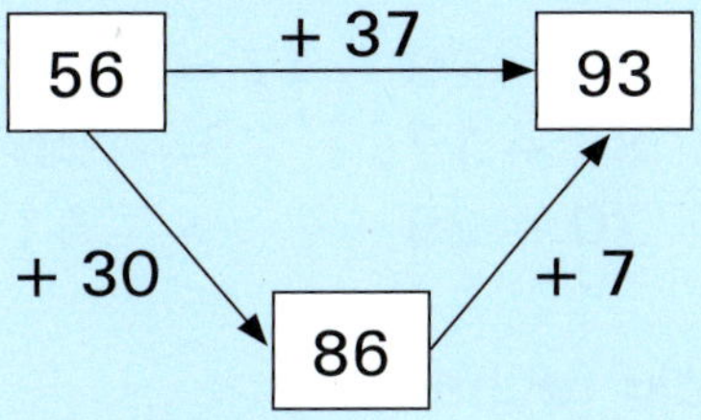


84 – 35 = ________

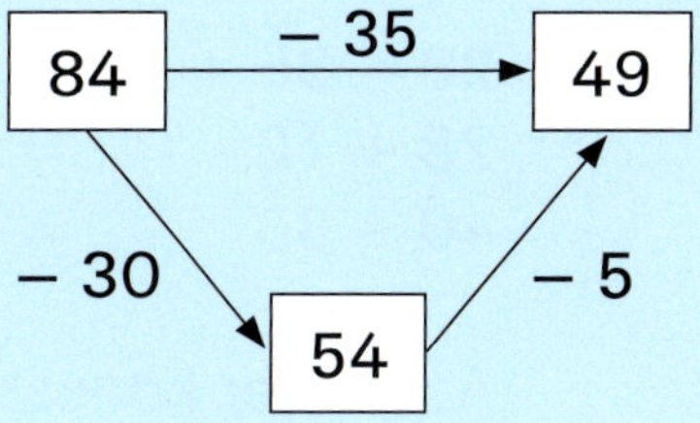


Schreibe so:

56 + 37 = 86 + 7 = 93

84 – 35 = 54 – 5 = 49

**1** Rechne im Rechendreieck in deinem Heft.

a) 84 + 19
46 + 28
39 + 45
72 + 19

b) 92 – 27
81 – 49
45 – 28
51 – 26

c) 79 + 17
83 – 45
24 + 39
74 – 55

Auch bei größeren Zahlen kannst du schrittweise in einem Rechendreieck rechnen.

**Beispiele**

350 + 86 = ________

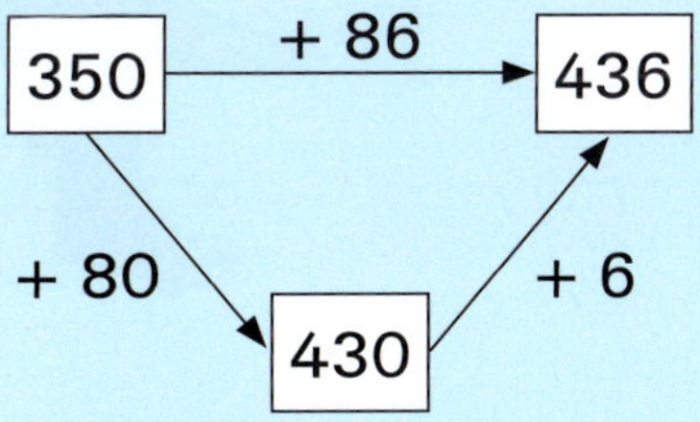


420 – 45 = ________

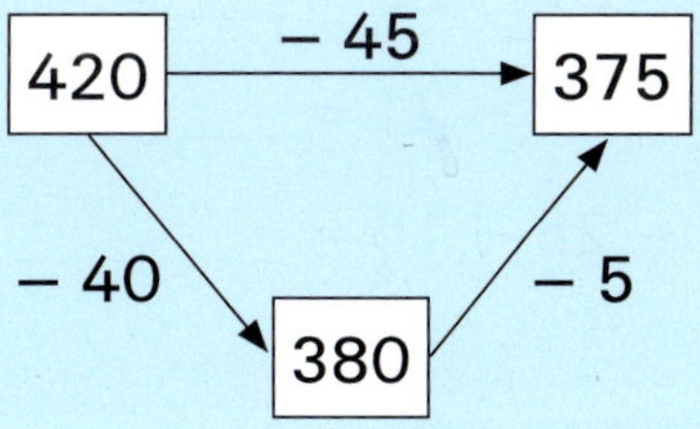


Schreibe so:

350 + 86 = 430 + 6 = 436

420 – 45 = 380 – 5 = 375

**2** Rechne im Rechendreieck in deinem Heft.

a) 420 + 95
370 + 84
250 + 76
720 + 91

b) 410 – 96
820 – 38
240 – 56
540 – 65

c) 360 + 77
250 – 63
170 + 45
210 – 88

## Rechenvorteile durch Zusammenfassen

Wenn du mehrere Zahlen addieren oder subtrahieren möchtest, kannst du dir das Rechnen durch geschicktes Zusammenfassen leichter machen. Schau dir die Beispiele in den blauen Kästen an.

**Beispiele**

So nutzt du Rechenvorteile:

| | | | |
|---|---|---|---|
| **28** + 35 + **12** = ____ | | **87** – 29 **– 17** = ____ | |
| **28 + 12** = | 40 | **87 – 17** = | 70 |
| **40** + 35 = | 75 | **70** – 29 = | 41 |

Auch hier kannst du geschickt rechnen:

| | | | |
|---|---|---|---|
| 35 + **27** + **43** = ____ | | 84 – **27 – 33** = ____ | |
| **27** + **43** = | 70 | **27 + 33** = | 60 |
| 35 + **70** = | 105 | 84 – **60** = | 24 |

**1** Rechne, und nutze dabei Rechenvorteile.

a) 35 + 28 + 25 = ____

49 + 34 + 21 = ____

33 + 18 + 47 = ____

b) 93 – 37 – 23 = ____

81 – 45 – 21 = ____

76 – 28 – 16 = ____

**2** Rechne ebenso.

a) 54 + 25 + 15 = ____

33 + 17 + 43 = ____

38 + 19 + 21 = ____

b) 64 – 17 – 23 = ____

71 – 35 – 25 = ____

93 – 24 – 46 = ____

## Verknüpfungstafeln richtig ausfüllen

Diese Tabellen heißen Verknüpfungstafeln. Die Verknüpfung – hier ist es die Addition bzw. Subtraktion – steht jeweils oben links auf der Verknüpfungstafel.

**1** Fülle diese Verknüpfungstafeln aus.

a)

| + | 8 | 12 | 15 | 25 |
|---|---|---|---|---|
| 27 | 35 | 39 | | |
| 43 | | | | |
| 55 | | | | |
| 38 | | | | |

Gehe so vor:
27 + 8 = 35,
trage dann das Ergebnis ein!

Rechne dann so weiter:
27 + 12 = 39 usw.

b)

| – | 80 | 120 | 150 | 250 |
|---|---|---|---|---|
| 270 | 190 | 150 | | |
| 430 | | | | |
| 550 | | | | |
| 380 | | | | |

Beim Subtrahieren geht es genauso:

270 – 80 = 190 → trage 190 ein!

270 – 120 = 150 → trage 150 ein!

**2** Rechne aus, und fülle die Verknüpfungstafeln aus.

a) !

| + | 60 | 23 | 32 | 17 |
|---|---|---|---|---|
| 340 | | | | |
| 660 | | | | |
| 410 | | | | |
| 790 | | | | |

b) !

| – | 60 | 23 | 32 | 17 |
|---|---|---|---|---|
| 340 | | | | |
| 660 | | | | |
| 410 | | | | |
| 790 | | | | |

c)

| + | 50 | 90 | 80 | 40 |
|---|---|---|---|---|
| 110 | | | | |
| 480 | | | | |
| 220 | | | | |
| 340 | | | | |

d)

| – | 50 | 90 | 80 | 40 |
|---|---|---|---|---|
| 110 | | | | |
| 480 | | | | |
| 220 | | | | |
| 340 | | | | |

## Mit großen Zahlen rechnen

Das Rechnen mit großen Zahlen erfolgt nach den gleichen Regeln wie mit kleinen. Schau dir diese Zahlenstrahlen an und du siehst, dass das Rechnen mit großen Zahlen einfach ist.

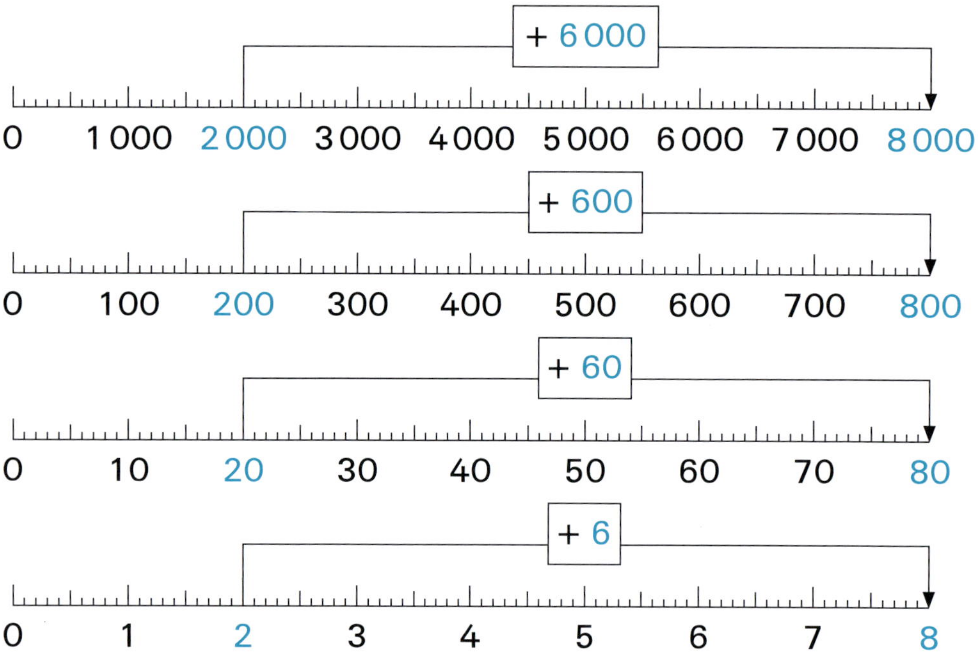


2000 + 6000 = 8000

200 + 600 = 800

20 + 60 = 80

2 + 6 = 8

**1** Rechne diese Aufgaben.

a)
4 + 3 = ☐
40 + 30 = ☐
400 + 300 = ☐
4000 + 3000 = ☐

b)
8 – 6 = ☐
80 – 60 = ☐
800 – 600 = ☐
8000 – 6000 = ☐

Beim Rechnen mit reinen Zehner-, Hunderter- oder Tausenderzahlen kannst du dir helfen, indem du die Aufgaben mit kleineren Zahlen rechnest. Du kannst also **zunächst die Nullen weglassen** und sie ans Ergebnis wieder anhängen. Die Beispiele im blauen Kasten zeigen dir's.

**Beispiele**

Bei 24000 + 8000 = 32000
denke an **24 + 8 = 32**

Bei 7850 + 90 = 7940
denke an **785 + 9 = 794**

Bei 6250 – 80 = 6170
denke an **625 – 8 = 617**

**2** Löse in deinem Heft ebenso.

a) 32 000 + 16 000
45 000 + 9 000
87 000 + 12 000

b) 47 000 – 5 000
62 000 – 18 000
41 000 – 19 000

c) 16 000 + 7 000
29 000 – 14 000
35 000 + 26 000

Für Könner!

**3** Rechne ebenso in deinem Heft.

a) 4 200 + 900
700 + 8 600
6 700 + 500

b) 6 340 + 80
7 920 + 90
650 + 120

c) 5 320 – 70
4 840 – 90
6 700 – 800

**Beispiele**

Auch so kannst du einfacher rechnen:
Du lässt die Tausender zunächst weg.

Beispiele: 2 436 + 80 = 2 516
**436 + 80 = 516**

5 728 – 90 = 5 638
**728 – 90 = 638**

**4** Rechne ebenso in deinem Heft.

a) 4 335 + 90
5 147 + 70
6 244 + 80

b) 9 145 + 250
6 271 + 320
7 515 + 150

c) 4 375 – 80
5 125 – 40
6 721 – 90

Auch bei großen Zahlen kannst du schrittweise im Dreieck rechnen. Schau dir das Beispiel an.

**Beispiele**

Rechne in Schritten so:

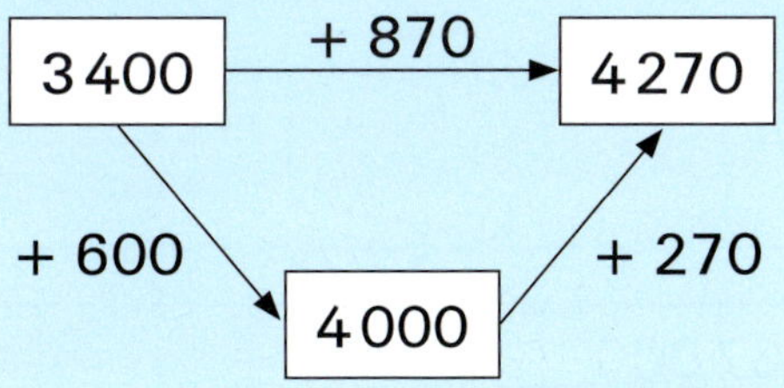


oder so:

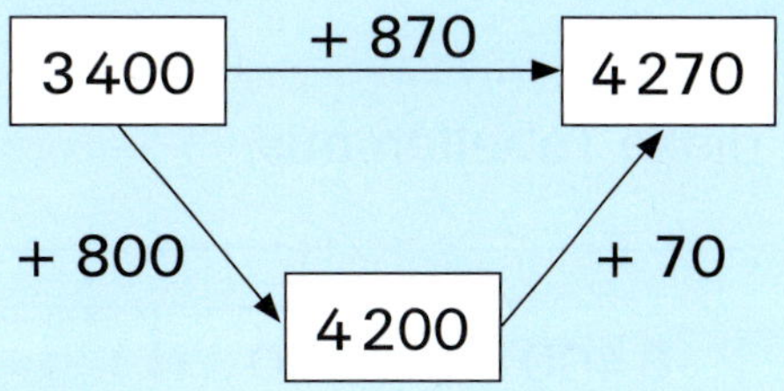


Schreibe so:
3 400 + 870 = 4 000 + 270 = 4 270

oder so:
3 400 + 870 = 4 200 + 70 = 4 270

**5** Rechne ebenso. Schreibe in dein Heft.

a) 4 800 + 580
7 600 + 490
6 800 + 760

b) 5 600 + 820
6 800 + 470
3 700 + 960

Auch beim Subtrahieren großer Zahlen helfen dir Zwischenschritte.

**Beispiele**

Rechne so:

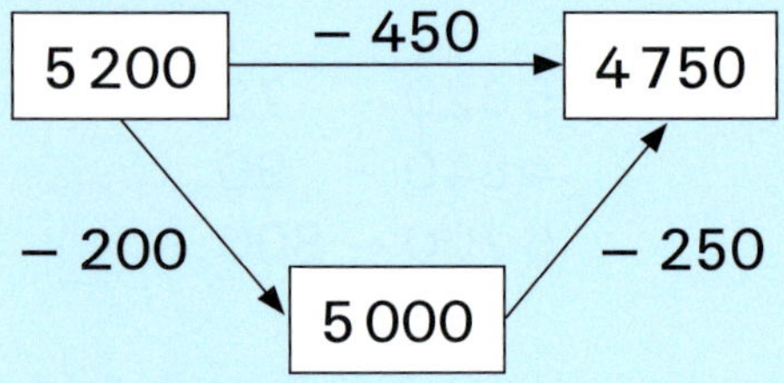


oder so:

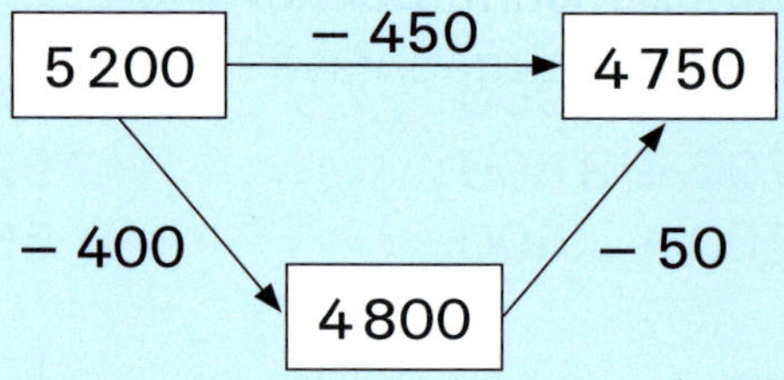


Schreibe so:
5 200 – 450 = 5 000 – 250 = 4 750

oder so:
5 200 – 450 = 4 800 – 50 = 4 750

**6** Rechne im Heft wie oben.

a) 7 300 – 860
6 400 – 750
8 200 – 430
9 500 – 620

b) 8 100 – 350
6 300 – 480
7 200 – 560
8 200 – 840

**7** Ergänze bis zum nächsten vollen Tausender.
Beispiel: 6 780 + 220 = 7 000

a) 9 320 + ______ = 10 000
8 450 + ______ = ______
7 260 + ______ = ______
8 150 + ______ = ______

b) 6 370 + ______ = ______
4 140 + ______ = ______
2 530 + ______ = ______
6 150 + ______ = ______

**8** Fülle diese Tabellen aus.

a) (waagerecht: +, senkrecht: –)

| | | |
|---|---|---|
| 8 400 | 960 | |
| 340 | 660 | |
| | | |

b) (waagerecht: –, senkrecht: –)

| | | |
|---|---|---|
| 67 000 | 35 000 | |
| 41 000 | 29 000 | |
| | | |

Für Könner!

**9** a) Addiere zu 4 800 siebenmal nacheinander 400.
Welche Zahl erhältst du?
b) Um wie viel ist die Zahl insgesamt gewachsen?
c) Überprüfe mit nur einer Rechnung dein Ergebnis.

## Das kleine Einmaleins

Das kleine Einmaleins ist Voraussetzung für alle weiteren Multiplikationen. Deshalb solltest du darin richtig fit sein. Los geht's, lass uns üben!

**1** Multipliziere immer nebeneinanderstehende Zahlen. Schreibe die Ergebnisse in die leeren Felder.
Beispiel: 2 · 3 = 6, 3 · 4 = ...

a)
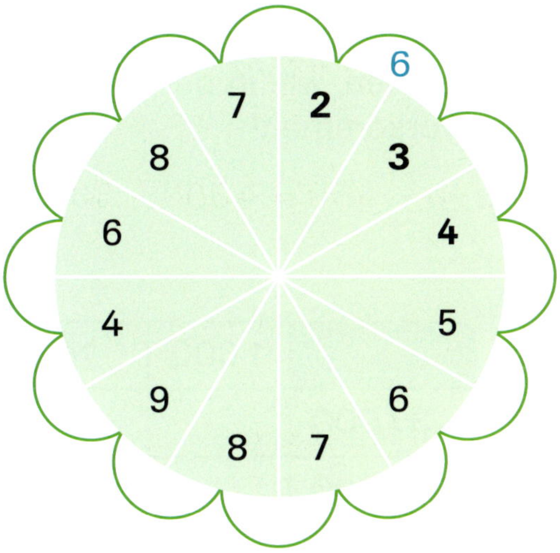


b)
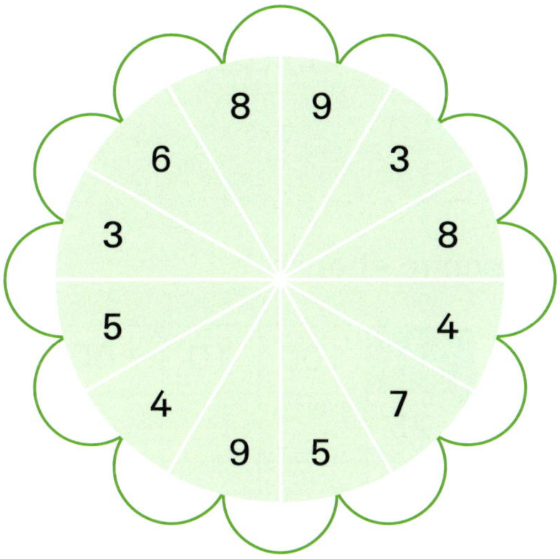


**2** Fülle diese Rechenräder aus. Rechne so:
2 · 6 = 12, 4 · 6 = 24, 6 · 6 = ...

a)
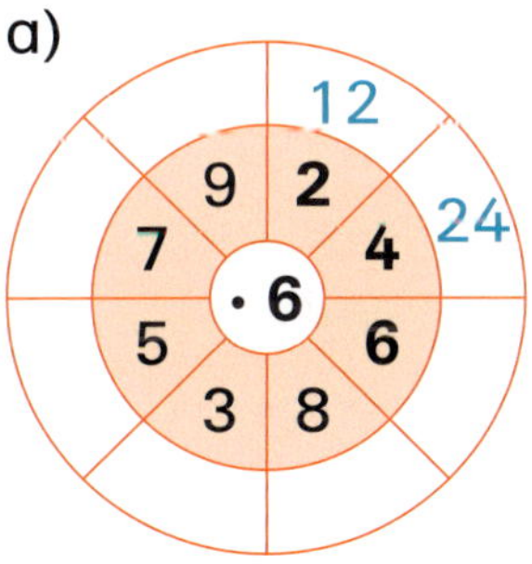


b)
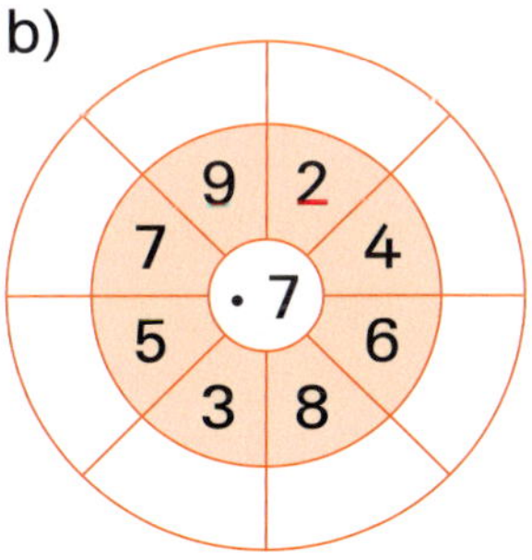


c)
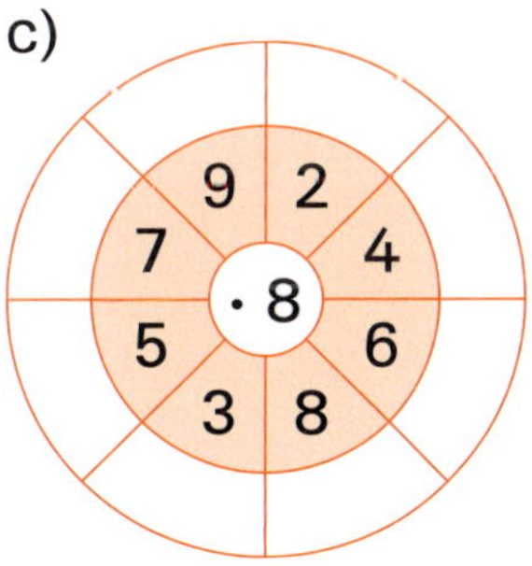


d)
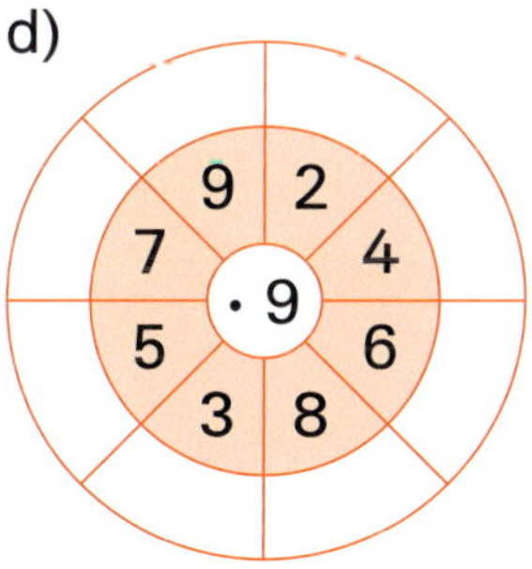


**3** Na, bist du noch fit? Weiter geht es mit Dividieren!
Rechne so: 54 : 6 = 9, 18 : 6 = ...

a)
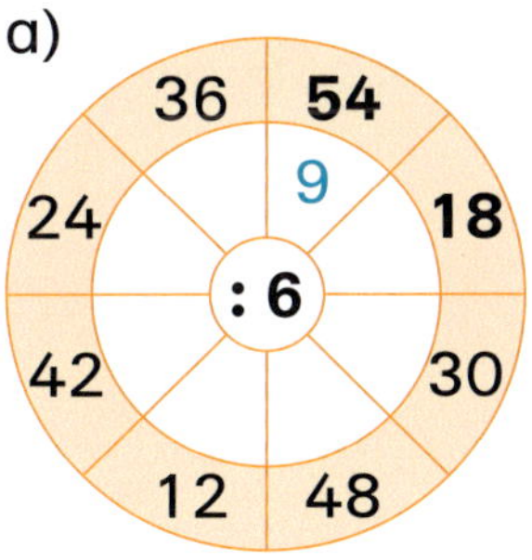


b)
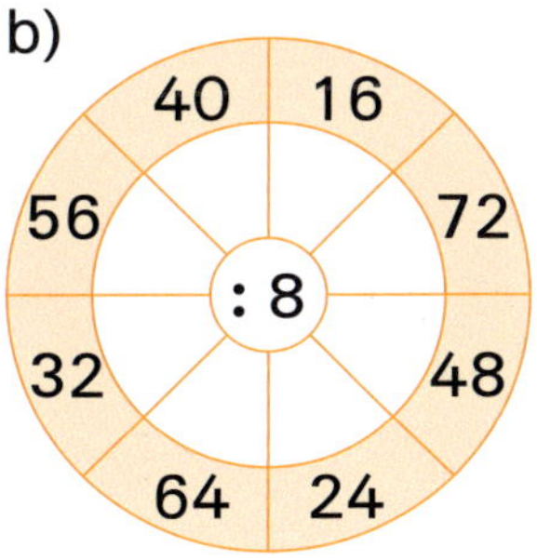


c)
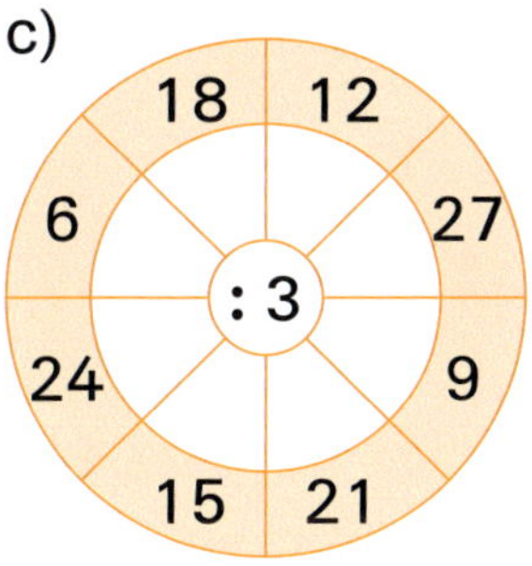


d)
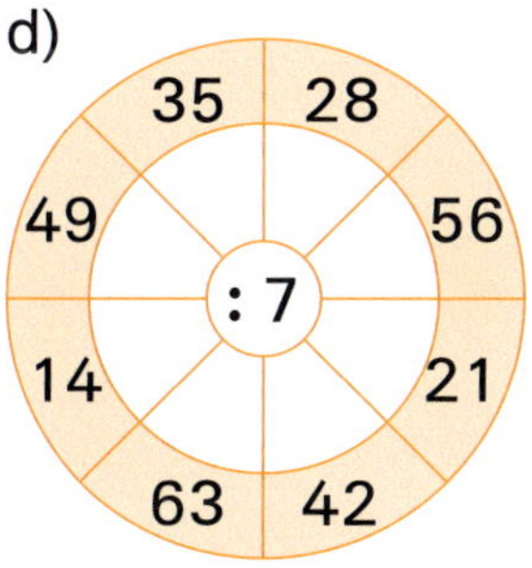

## Multiplizieren und dividieren mit 10er-, 100er-, 1000er-Zahlen

Keine Angst vor Zahlen mit vielen Nullen.

**Beispiele**

Und so rechnest du:

4 · 100 = 400

Erst rechnest du 4 · 1 und dann hängst du die Nullen wieder an.

80~~000~~ : 1~~000~~ = 80

Beim Dividieren streichst du im Dividend (80000) und im Divisor (1000) die gleiche Anzahl Nullen und rechnest dann. Achtung! Du darfst höchstens so viele Nullen streichen, wie in der Zahl mit den wenigsten Nullen vorkommen!

**1** Rechne ebenso.

a)

| · | 100 | 10 | 1000 | 10000 |
|---|---|---|---|---|
| 25 | | | | |
| 7 | | | | |
| 135 | | | | |
| 50 | | | | |

b)

| : | 1000 | 10 | 100 |
|---|---|---|---|
| 37000 | | | |
| 180000 | | | |
| 90000 | | | |
| 72000 | | | |

Das Rechnen mit reinen Zehner-, Hunderter- oder Tausenderzahlen kannst du fast immer auf das Rechnen mit kleineren Zahlen zurückführen. Du kannst also **ohne Nullen rechnen** und sie ans Ergebnis wieder anhängen.

**Beispiele**

Suche zu jeder Aufgabe eine leichtere, die dir hilft.

5 · 800 = 4000

· 100    · 100

**5 · 8 = 40**

48000 : 8 = 6000

· 1000    · 1000

**48 : 8 = 6**

**2** Löse ebenso in deinem Heft.

a) 7 · 500
6 · 9000
8 · 1200

b) 9 · 70
5 · 800
6 · 9000

c) 250 : 5
4500 : 9
12000 : 6

**3** Fülle diese Tabellen aus. Denk dabei wieder an die leichtere Aufgabe.

a)

| · | 40 | 300 | 7 000 |
|---|---|---|---|
| 15 | | | |
| 7 | | | |
| 9 | | | |
| 12 | | | |

b)

| : | 4 | 6 | 12 |
|---|---|---|---|
| 24 000 | | | |
| 6 000 | | | |
| 720 | | | |
| 36 000 | | | |

**Beispiele**

**Multiplikation:**

Auch hier hilft eine leichtere Aufgabe. Schau dir wieder die Beispiele an.

40 · 900 = 36 000

· 10 · 100 · 10 · · 100 = · 1000

**4 · 9 = 36**

Rechne zunächst wieder die Aufgabe ohne Nullen und hänge sie dann an das Ergebnis an!

**Division:**

1 800 : 30 = 60

· 10 · 10 · 10 : · 10 = · 1

**180 : 3 = 60**

Hier streichst du wieder die gleiche Anzahl an Nullen und rechnest dann:

1 80~~0~~ : 3~~0~~ = 60

**4** Rechne im Heft.

a) 500 · 40
70 · 8 000
120 · 600
500 · 800

b) 7 200 : 80
7 200 : 800
4 500 : 50
4 500 : 500

c) 81 000 : 90
5 600 : 80
420 : 60
48 000 : 6 000

d)

| · | 50 | 600 | 7 000 |
|---|---|---|---|
| 70 | | | |
| 800 | | | |
| 40 | | | |
| 200 | | | |

e)

| : | 30 | 200 | 600 |
|---|---|---|---|
| 7 200 | | | |
| 18 000 | | | |
| 2 400 | | | |
| 12 000 | | | |

## Halbschriftlich multiplizieren und dividieren

Du kannst dir das Multiplizieren erleichtern, indem du **schrittweise** rechnest, Zwischenergebnisse notierst und diese dann addierst.

| | |
|---|---|
| Beispiel: | 295 · 6 |
| 1. Schritt: | **200** · 6 = 1 200 |
| 2. Schritt: | + **90** · 6 = 540 |
| 3. Schritt: | + **5** · 6 = 30 |
| | **295** · 6 = **1 770** |

↑ zum Schluss: Zwischenergebnisse addieren

**1** Rechne in deinem Heft, zerlege die Zahlen wie im Beispiel. Notiere hier die Ergebnisse.

| a) | b) | c) |
|---|---|---|
| 139 · 7 = ____ | 241 · 6 = ____ | 148 · 3 = ____ |
| 523 · 4 = ____ | 824 · 5 = ____ | 534 · 9 = ____ |
| 621 · 7 = ____ | 937 · 8 = ____ | 712 · 6 = ____ |
| 317 · 9 = ____ | 425 · 6 = ____ | 453 · 8 = ____ |

**2** Rechne wie bisher. Schreibe aber nur die Zwischenergebnisse auf.

Beispiel: 295 · 6 = 1 200 + 540 + 30 = 1 770

a) 235 · 7 = ____ + ____ + ____ = ____

412 · 8 = ____ + ____ + ____ = ____

521 · 3 = ____ + ____ + ____ = ____

216 · 5 = ____ + ____ + ____ = ____

Rechne nun in deinem Heft.

| b) | c) | d) |
|---|---|---|
| 137 · 5 | 625 · 2 | 316 · 7 |
| 217 · 3 | 721 · 9 | 425 · 8 |
| 429 · 4 | 169 · 8 | 679 · 6 |
| 832 · 6 | 432 · 5 | 431 · 9 |

Auch dividieren kannst du in **Teilschritten**. Du musst nur darauf achten, dass du die Aufgaben in solche Teilaufgaben zerlegst, die beim Dividieren aufgehen. Zum Schluss addierst du die Zwischenergebnisse wieder.

Beispiel: 6 852 : 6

**6** 000 : 6 = 1 000
\+ **6**00 : 6 = 100
\+ **24**0 : 6 = 40
\+ **12** : 6 = 2

**6 852 : 6 = 1 142**

**3** Rechne in gleicher Weise in deinem Heft.

a) 5 965 : 5
4 269 : 3
4 254 : 6
8 199 : 9

b) 4 345 : 5
7 236 : 9
1 484 : 4
7 092 : 3

c) 4 896 : 4
6 084 : 6
9 785 : 5
5 360 : 8

**4** Rechne auch hier wie bisher. Schreibe aber nur noch die Zwischenergebnisse auf.

Beispiel: 6 852 : 6 = 1 000 + 100 + 40 + 2 = 1 142

a) 8 245 : 5 = ______ + ______ + ______ + ______ = ________

6 248 : 4 = ______ + ______ + ______ + ______ = ________

9 423 : 9 = ______ + ______ + ______ = ________

8 568 : 7 = ______ + ______ + ______ + ______ = ________

Rechne ebenso in deinem Heft.

b) 5 425 : 5
8 478 : 2
4 124 : 4
7 248 : 8

c) 3 714 : 3
9 522 : 9
4 374 : 6
8 735 : 5

d) 3 212 : 4
6 732 : 9
4 125 : 3
7 525 : 5

Für Könner!

**5** a) Ein Gartenweg wird mit 4 Reihen Platten belegt. In jede Reihe gehen 198 Platten. Wie viele Platten benötigt man?

b) Wie viele Platten benötigt man, wenn 6 Reihen verlegt werden?

**6** a) 2 648 Platten sollen in 4 Reihen verlegt werden. Wie viele Platten passen in jede Reihe?

b) Jetzt sollen es 8 Reihen sein. Wie viele Platten liegen nun in jeder Reihe?

## Die Umkehraufgabe und mit Rest dividieren

Du kannst jede Divisionsaufgabe durch die **Umkehraufgabe** überprüfen. Schreibe so:

35 : 5 = **7** ⟶ **7** · 5 = 35

**1** Rechne diese Aufgaben in deinem Heft, und überprüfe die Ergebnisse durch die Umkehraufgabe.

| | | | |
|---|---|---|---|
| a) 45 : 5 | b) 320 : 4 | c) 560 : 70 | d) 540 : 30 |
| 36 : 6 | 180 : 6 | 480 : 80 | 270 : 30 |
| 28 : 7 | 250 : 5 | 210 : 30 | 400 : 80 |

Manchmal bleibt bei der Division ein **Rest**. Auch dann kannst du dein Ergebnis durch die Umkehraufgabe überprüfen. Das Beispiel zeigt dir, wie das geht:

45 : 6 = 7 R **3** ⟶ 7 · 6 + **3** = 45

Reste kannst du so notieren:
39 : 7 = 5 R **4**

oder:
39 : 7 = 5 + **4** : 7

Schreibe die Reste so auf, wie du es in der Schule gelernt hast.

**2** Rechne im Heft.

| | | | |
|---|---|---|---|
| a) 29 : 7 | b) 35 : 8 | c) 242 : 8 | d) 200 : 70 |
| 35 : 6 | 42 : 5 | 185 : 6 | 280 : 90 |
| 51 : 8 | 26 : 3 | 251 : 5 | 310 : 50 |

Für Könner!

**3** Rechne, und entdecke! Ergänze a) bis c) um zwei weitere Aufgaben. Benutze dazu dein Heft.

| | | |
|---|---|---|
| a) 28 : 3 | b) 37 : 6 | c) 123 : 4 |
| 38 : 4 | 44 : 7 | 246 : 4 |
| 48 : 5 | 51 : 8 | 369 : 4 |

## Rechenvorteile finden und nutzen

Du kannst leichter addieren bzw. subtrahieren, wenn jeweils eine Zahl eine **reine Zehnerzahl** ist. Dazu darfst du die **Aufgaben geschickt verändern**. Aber natürlich nur so, dass die Ergebnisse richtig bleiben.

Beispiele:

56 + 38 = **94**
(56 → − 2; 38 → + 2)
54 + 40 = **94**

56 − 38 = **18**
(56 → + 2; 38 → + 2)
58 − 40 = **18**

**1** Mache eine Zahl zur Zehnerzahl, und löse die Aufgaben.

39 + 45 = ☐
(39 → + 1; 45 → − 1)
40 + ☐ = ☐

168 + 25 = ☐
(☐; ☐)
☐ + ☐ = ☐

41 + 58 = ☐
(☐; ☐)
☐ + ☐ = ☐

72 − 34 = ☐
(☐; ☐)
78 − ☐ = ☐

186 − 49 = ☐
(☐; ☐)
☐ − ☐ = ☐

96 − 58 = ☐
(☐; ☐)
☐ − ☐ = ☐

**2** Rechne geschickt, verwende dazu dein Heft.

a) 69 + 25
76 + 28
139 + 46
248 + 45

b) 95 − 38
127 − 99
259 − 63
61 − 39

c) 37 + 59
176 − 68
219 + 76
109 − 53

Auch beim Multiplizieren kannst du Aufgaben geschickt verändern, denn das Rechnen mit Zehnerzahlen fällt dir viel leichter. Das geht so:

**Beispiele**

48 · 9 = 432
**48 · 10 − 48 =**
**480 − 48 =** 432

48 · 11 = 528
**48 · 10 + 48 =**
**480 + 48 =** 528

Notiere beim Rechnen gleich die Zwischenergebnisse:

48 · 9 = **480** − 48 = 432 48 · 11 = **480** + 48 = 528

**3** Löse ebenso, notiere die Ergebnisse hier.

a) 78 · 9 = ______
37 · 9 = ______
66 · 9 = ______
33 · 9 = ______

b) 72 · 11 = ______
35 · 11 = ______
62 · 11 = ______
27 · 11 = ______

Auch auf diese Weise kannst du die Aufgabe verändern:

**Beispiele**

69 · 8 = 552
**70 · 8 − 8 =**
**560 − 8 =** 552

71 · 8 = 568
**70 · 8 + 8 =**
**560 + 8 =** 568

Schreibe beim Rechnen gleich die Zwischenergebnisse auf:

69 · 8 = **560** − 8 = 552 71 · 8 = **560** + 8 = 568

**4** Löse ebenso, notiere die Ergebnisse hier.

a) 89 · 6 = ______
59 · 8 = ______
39 · 4 = ______
99 · 7 = ______

b) 91 · 5 = ______
61 · 7 = ______
71 · 8 = ______
41 · 6 = ______

## Rechnen mit Rechenketten

**1** Setze 24, dann 36 und zum Schluss 44 als Startzahlen ein.
Wenn du richtig gerechnet hast, stimmt die Startzahl mit der Zielzahl überein.

Start → Ziel

24 —: 4→ 6 —+ 16→ □ —· 2→ □ —− 32→ □ —· 4→ □ —: 2→ □

Beispiel: 24 : 4 = 6
6 + 16 = ...

**2** Versuche, diese Kettenaufgabe im Kopf zu rechnen.

a) 9 —· 4→ □ —: 6→ □ —+ 32→ □ —− 28→ □ —: 5→ □ —· 2→ □

b) 128 —− 18→ □ —: 2→ □ —+ 8→ □ —: 9→ □ —· 7→ □ —+ 25→ □

**Beispiele** **Zahlenfolgen**

Jetzt sollen immer gleiche Zahlen addiert werden.
Die Ergebnisse bilden Zahlenfolgen.

Beispiel: 15 —+ 4→ 19 —+ 4→ 23 —+ 4→ 27 —+ 4→ 31 —+ 4→

Du kannst die Zahlenfolge auch so notieren: 15, 19, 23, 27, 31 ...

Für Könner!

**3** Setze die Zahlenfolgen um 4 Zahlen fort.
Schreibe in deinem Heft.

!

a) 32 —+ 3→ 35 —+ 3→

b) 75 —− 8→ □ →

c) 7 —· 2→ □ →

d) 243 —: 3→ □ →

| Thema und Erklärungen | Beispiele |
|---|---|
| **Addieren und subtrahieren von Zehner- und Hunderterzahlen**<br>Denke beim Rechnen mit großen Zahlen an die einfachere Aufgabe, und hänge beim Ergebnis die Nullen wieder an. | 250 + 70 = 320<br>25 + 7 = 32<br><br>3 100 − 600 = 2 500<br>31 − 6 = 25 |
| **Halbschriftliches Addieren und Subtrahieren**<br>Beim Addieren und Subtrahieren kommst du schneller ans Ziel, wenn du schrittweise rechnest. Rechendreiecke helfen dir dabei. | Schreibe so:<br>450 + 86 = 530 + 6 = 536<br>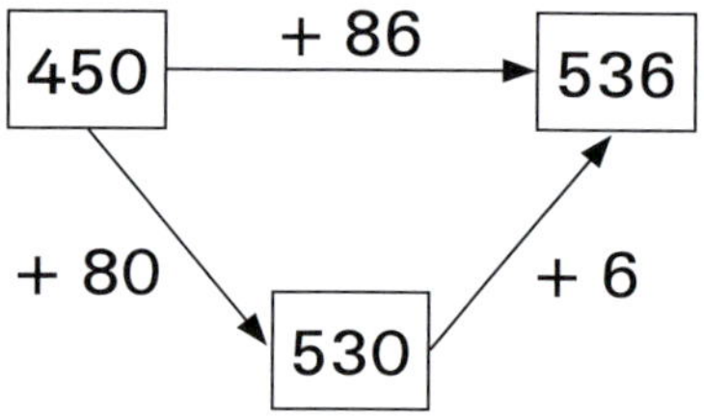<br><br>Schreibe so:<br>720 − 45 = 680 − 5 = 675<br>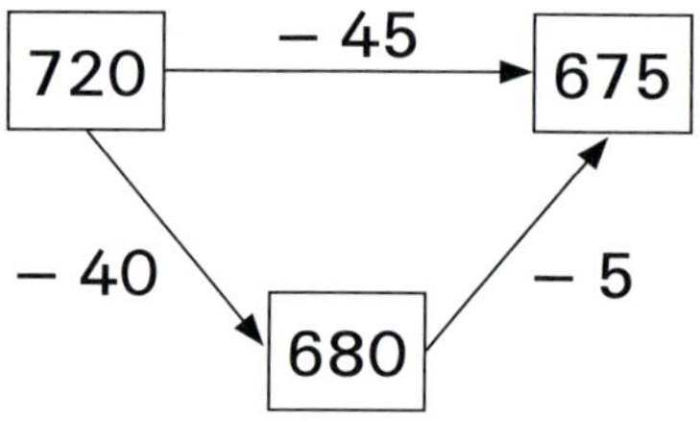<br> |
| **Multiplizieren von Zehner- und Hunderterzahlen**<br>Beim Multiplizieren rechnest du zunächst ohne Nullen und hängst diese dann wieder an. | **Multiplizieren – Nullen anhängen:**<br>5 · 700 = 3 500<br>5 · 7 = 35<br><br>4 200 : 7 = 600<br>42 : 7 = 6<br><br>500 · 90 = 45 000<br>5 · 9 = 45 |

| Thema und Erklärungen | Beispiele |
|---|---|
| **Dividieren von Zehner- und Hunderterzahlen**<br>Beim Dividieren rechnest du zuerst die leichtere Aufgabe. Die Anzahl an Nullen, die Dividend und Divisor gemeinsam haben, streichst du durch und hängst nur die übrigen Nullen an dein Ergebnis.<br><br>Das Multiplizieren und Dividieren geht einfacher, wenn du schrittweise rechnest, die Zwischenergebnisse notierst und diese dann addierst. | **Dividieren – Nullen streichen:**<br>56 00~~0~~ : 8~~0~~ = 700<br>56 : 8 = 7<br><br>**Multiplizieren:**<br>Rechne so:<br>295 · 6 =<br>200 · 6 = 1 200<br>+ 90 · 6 = 540<br>+ 5 · 6 = 30<br>295 · 6 = 1 770<br><br>Schreibe so:<br>295 · 6 = 1 200 + 540 + 30 = 1 770<br><br>**Dividieren:**<br>Rechne so:<br>1 770 : 6 =<br>1 200 : 6 = 200<br>+ 540 : 6 = 90<br>+ 30 : 6 = 5<br>1 770 : 6 = 295<br><br>Schreibe so:<br>1 770 : 6 = 200 + 90 + 5 = 295 |
| **Teilen mit Rest**<br>Bleibt bei einer Division im Ergebnis ein Rest, so kannst du den Rest auf zwei Arten notieren. | Schreibe so:<br>450 : 70 = 6 R 30<br><br>oder so:<br>450 : 70 = 6 + 30 : 70 |

**Extra: online üben**

## Mach dich fit für den Test!

Du willst noch mehr üben? Kein Problem! Auf www.klett.de/lerndrachen-training findest du viele weitere Übungen zu diesem Kapitel. Wie du dich registrierst und die Übungen freischaltest, liest du auf Seite 2. Viel Erfolg!

# Test: Kopfrechnen und halbschriftliche Rechenverfahren

**1** Rechne die Aufgaben.

| | | | |
|---|---|---|---|
| 3 · 8 = ____ | 9 · 6 = ____ | 49 : 7 = ____ | 3 · 9 = ____ |
| 54 : 6 = ____ | 42 : 7 = ____ | 8 · 4 = ____ | 35 : 7 = ____ |
| 7 · 4 = ____ | 4 · 9 = ____ | 54 : 9 = ____ | 9 · 7 = ____ |
| 30 : 6 = ____ | 18 : 6 = ____ | 5 · 5 = ____ | 64 : 8 = ____ |
| 4 · 3 = ____ | 8 · 7 = ____ | 81 : 9 = ____ | 3 · 6 = ____ |
| 18 : 9 = ____ | 72 : 9 = ____ | 3 · 7 = ____ | 21 : 3 = ____ |

24 P

**2** Rechne im Heft, und notiere hier die Ergebnisse.

| | |
|---|---|
| a) 48 000 + 8 000 = ____ | b) 54 000 – 26 000 = ____ |
| 4 200 + 700 = ____ | 6 800 – 900 = ____ |
| 33 000 + 19 000 = ____ | 3 740 – 80 = ____ |
| 6 830 + 80 = ____ | 93 000 – 5 000 = ____ |

8 P

**3** Rechne schrittweise in deinem Heft, trage hier deine Ergebnisse ein.

| | |
|---|---|
| a) 5 700 + 480 = ____ | b) 9 100 – 450 = ____ |
| 7 900 + 360 = ____ | 6 200 – 380 = ____ |
| 3 900 + 590 = ____ | 3 500 – 820 = ____ |
| 6 800 + 860 = ____ | 4 300 – 570 = ____ |

8 P

**4** Berechne die Tabellen in deinem Heft.

a)

| · | 100 | 30 | 400 | 9 000 |
|---|---|---|---|---|
| 8 | | | | |
| 60 | | | | |
| 12 | | | | |
| 400 | | | | |

b)

| : | 3 | 40 | 200 | 600 |
|---|---|---|---|---|
| 48 000 | | | | |
| 2 400 | | | | |
| 36 000 | | | | |
| 7 200 | | | | |

32 P

**5** Löse die Aufgaben schrittweise in deinem Heft, notiere hier deine Ergebnisse.

a) 324 · 6 = ______

612 · 8 = ______

443 · 4 = ______

739 · 3 = ______

b) 1 536 : 6 = ______

2 475 : 5 = ______

1 467 : 3 = ______

5 496 : 8 = ______

8 P

**6** Löse die Aufgaben in deinem Heft. Ergänze in den Aufgaben c) und d) die fehlenden Werte, sodass die Ergebnisse denen von a) und b) entsprechen.

a) 57 : 6 = ______

570 : 6 = ______

b) 76 : 8 = ______

760 : 8 = ______

c) 38 : 4 = ______

______ : 4 = ______

d) ______ : 2 = ______

190 : 2 = ______

8 P

In diesem Test habe ich ______ Punkte von insgesamt 88 Punkten erreicht.

In unserem Stellenwertsystem, dem **Zehnersystem**, gibt es die Stellenwerte Einer, Zehner, Hunderter usw. Immer **10 Einer** werden zu einem Zehner zusammengefasst, **10 Zehner** zu einem Hunderter und **10 Hunderter** ergeben einen **Tausender**. In einem anderen System, z. B. dem Dreiersystem, werden jeweils immer 3 Einer zu einem Dreier und 3 Dreier zu einem Neuner zusammengefasst oder gebündelt.

## Einer bündeln

**1** a) In der Tabelle siehst du 16 Plättchen (Einer). Fasse immer 3 zusammen. Zeichne die Dreierbündel ein.

b) Wie viele Dreier erhältst du? Wie viele Einer bleiben übrig? Trage jeweils die Anzahl in die Tabelle ein.

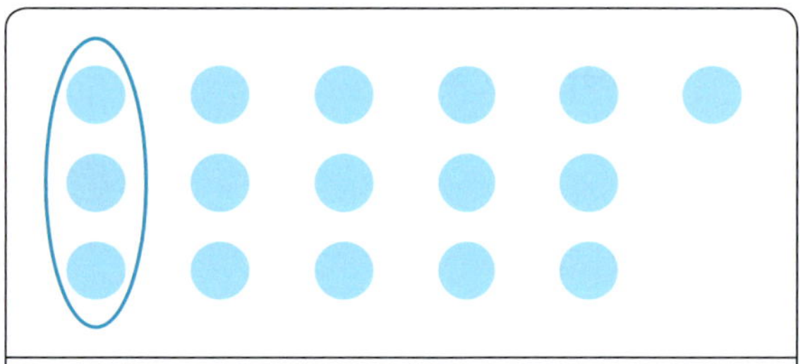

Dreier: Einer:

**2** Jetzt sind die Dreier der Aufgabe 1 zu Neunern zusammengefasst worden. Wie viele Neuner gibt es? Wie viele Dreier und wie viele Einer bleiben übrig? Trage jeweils die Anzahl in die Tabelle ein.

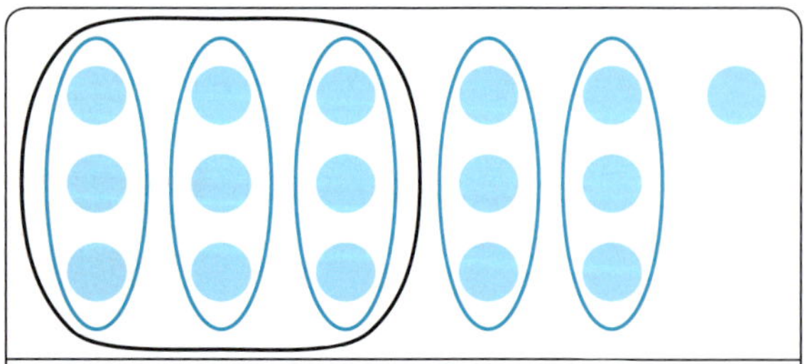

Neuner: Dreier: Einer:

**3** a) Zeichne in diese 25 Einer lauter Dreier hinein.

b) Wie viele Neuner erhältst du? Wie viele Dreier und Einer bleiben übrig? Trage die Ergebnisse in die Tabelle ein.



Neuner: Dreier: Einer:

**4** a) Jetzt sollen 10 Einer jeweils zu einem Zehner zusammengefasst werden. Zeichne die Zehner ein.

b) Wie viele Zehner erhältst du? Wie viele Einer bleiben übrig? Fülle die Tabelle aus.

c) Vergleiche deine Ergebnisse von Aufgabe 3 und 4. Was stellst du fest?



Hunderter (H): Zehner (Z): Einer (E):

Das Zusammenfassen oder Bündeln von Einern zu Dreiern kannst du auch **durch Rechnen** ausführen.

**25** Einer **: 3** = **8** Dreier **+ 1** Einer

Für Könner!

**5** a) Rechne so weiter:

8 Dreier : 3 = ___ Neuner + ___ Dreier

!

b) Trage die Ergebnisse in die Tabelle ein.

| Neuner | Dreier | Einer |
|---|---|---|
| – | – | 25 |
| – | 8 | 1 |
| | | 1 |

**6** Bündele 26 Einer zu Dreiern und Neunern, indem du die Rechnung unten weiterführst. Fülle auch die Tabelle aus.

26 Einer : 3 = ___ Dreier + ___ Einer

___ Dreier : 3 = ___ Neuner + ___ Dreier

| Neuner | Dreier | Einer |
|---|---|---|
| – | – | 26 |
| – | | |
| | | |

Diese Tabellen nennt man auch Stellenwerttafeln!

**7** Bündele 38 Einer zu Fünfern und Fünfundzwanzigern. 5 Fünfer ergeben 1 Fünfundzwanziger.

a) Durch welche Zahl musst du jetzt ständig teilen?

b) Rechne, und fülle die Tabelle aus.

| Fünfund-zwanziger | Fünfer | Einer |
|---|---|---|
| – | – | 38 |
| – | | |
| | | |

38 Einer : 5 = ___ Fünfer + ___ Einer

___ Fünfer : 5 = ___ Fünfundzwanziger + ___ Fünfer

**8** Bündele nun 57 nach Zehnern. Durch welche Zahl musst du jetzt teilen? Fülle die Tabelle aus.

_______________________________

| Hunderter | Zehner | Einer |
|---|---|---|
| – | – | |
| – | | |

## Bündelungen auflösen

**Beispiele**

Bündelungen kannst du auch auflösen.
Hier siehst du ein Bündelungsergebnis.
Es wurde im Fünfersystem gebündelt:

| Fünfundzwanziger | Fünfer | Einer |
|---|---|---|
| 2 | 3 | 4 |

Wie viele Plättchen wurden gebündelt? Berechne sie so:

**2** Fünfundzwanziger = **2** · 25 = **50**
**3** Fünfer = **3** · 5 = **15**
**4** Einer = **4** · 1 = **4**

Ergebnis: **50 + 15 + 4 = 69**

**1** Löse diese Bündelungen auf.

| Fünfundzwanziger | Fünfer | Einer |
|---|---|---|
| 3 | 2 | 4 |

___ Fünfundzwanziger = ___ · 25 = ___

______________________

______________________

Ergebnis: ______________________

Für Könner!

**2** Berechne die Anzahlen im Heft.

a)

| Fünfundzwanziger | Fünfer | Einer |
|---|---|---|
| 4 | 1 | 2 |

b)

| Fünfundzwanziger | Fünfer | Einer |
|---|---|---|
| 3 | 0 | 4 |

**Beispiele**

Hier wurde nach dem Zehnersystem gebündelt.

| Hunderter (H) | Zehner (Z) | Einer (E) |
|---|---|---|
| 3 | 2 | 5 |

So berechnest du die Anzahl:

**3** H = **3** · 100 = **300**
**2** Z = **2** · 10 = **20**
**5** E = **5** · 1 = **5**

Ergebnis: **300** + **20** + **5** = **325**

**3** Berechne auch hier die Anzahlen in deinem Heft.

a)

| H | Z | E |
|---|---|---|
| 4 | 2 | 5 |

b)

| H | Z | E |
|---|---|---|
| 8 | 0 | 2 |

c)

| H | Z | E |
|---|---|---|
| 3 | 2 | 0 |

## Geld wechseln

Beim Umwechseln von Geld gehst du vor wie beim Bündeln:
Du fasst Einer zu größeren Einheiten zusammen.

In unserer Währung wechselt man so um:

**1** Wechsle um, und übertrage das Ergebnis in die Tabelle.

|  |  |  |
|---|---|---|
| | | |

Für Könner!

**2** Wechsle auch hier um, und schreibe das Ergebnis in die Tabelle.

|  |  |  |
|---|---|---|
| | | |

Zusammen sind das _______ ct.

**Bündeln nach der Dreierregel**

Hier bündelst du
3 Einer ⟶ 1 Dreier,
3 Dreier ⟶ 1 Neuner

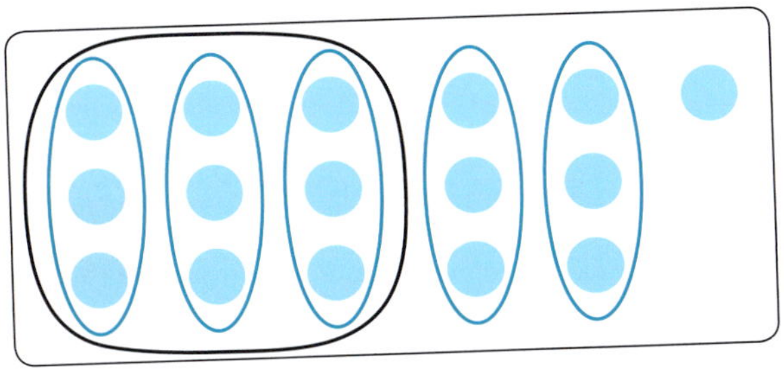

Im Stellenwertsystem sieht das so aus:

| Neuner | Dreier | Einer |
|---|---|---|
| 1 | 2 | 1 |

**Bündeln nach der Zehnerregel**

Hier bündelst du
10 Einer ⟶ 1 Zehner,
10 Zehner ⟶ 1 Hunderter

Beispiel für eine Stellenwerttafel:

| Hunderter (H) | Zehner (Z) | Einer (E) |
|---|---|---|
| 2 | 7 | 9 |

**Geld umwechseln**

Die Einheiten des Bündelns sind Münzen:

 ⟶ Einer

 ⟶ Zehner

 ⟶ Hunderter

**Bündelungen auflösen**

Willst du Bündelungen auflösen, dann multiplizierst du die Anzahl der Bündel mit der Bündelmenge und addierst am Schluss alles.

Beispiel: Auflösen eines Fünfersystems

| Fünfundzwanziger | Zehner | Einer |
|---|---|---|
| 2 | 3 | 4 |

$2 \cdot 25 = 50$ $3 \cdot 5 = 15$ $4 \cdot 1 = 4$

Also: $50 + 15 + 4 = 69$

Beispiel: Auflösen eines Hundertersystems

| Hunderter (H) | Zehner (Z) | Einer (E) |
|---|---|---|
| 3 | 4 | 7 |

$3 \cdot 100 = 300$ $4 \cdot 10 = 40$ $7 \cdot 1 = 7$

Also: $300 + 40 + 7 = 347$

**Extra: online üben**

## Mach dich fit für den Test!

Du willst noch mehr üben? Kein Problem! Auf www.klett.de/lerndrachen-training findest du viele weitere Übungen zu diesem Kapitel. Wie du dich registrierst und die Übungen freischaltest, liest du auf Seite 2. Viel Erfolg!

# Test: Stellenwertsysteme

**1** Bündele die Plättchen nach der Dreierregel. Zeichne die Dreier und Neuner ein, und fülle die Tabelle aus.

| Neuner | Dreier | Einer |
|---|---|---|
| | | |

4 P

**2** Bündele 48 nach der Fünferregel. Rechne, und fülle die Tabelle aus.

___________________________________

___________________________________

| Fünfundzwanziger | Fünfer | Einer |
|---|---|---|
| – | – | |
| – | | |
| | | |

8 P

**3** Entbündele hier. Wie viele Einer erhältst du?

a)

| Fünfundzwanziger | Fünfer | Einer |
|---|---|---|
| 3 | 4 | 1 |

___________________________________

___________________________________

___________________________________

___________________________________

b)

| Hunderter (H) | Zehner (Z) | Einer (E) |
|---|---|---|
| 6 | 2 | 9 |

___________________________________

___________________________________

___________________________________

___________________________________

6 P

**4** In einem Geschäft wurden 1-ct-Stücke für einen guten Zweck gesammelt. Nach wenigen Tagen waren schon 756 1-ct-Stücke zusammen. Beschrifte die Stellenwerttafel, und fülle sie dann richtig aus.

| | | |
|---|---|---|
| | | |

6 P

**5** Karina will 36 1-€-Münzen nach der Fünferregel bündeln. Welche Bündel mit jeweils wie viel Euro erhält sie? Fülle die Tabelle aus.

| Fünfund-zwanziger | Fünfer | Einer |
|---|---|---|
| | | |

Karina erhält _____ Fünfundzwanziger-Bündel mit _____ €,

_____ Fünfer-Bündel mit _____ € und _____ Einer mit _____ €.

9 P

**6** Karinas Freundin bündelt ebenfalls Euro-Münzen nach der Fünferregel und füllt die Tabelle aus. Wie viele hat sie insgesamt gebündelt?

| Fünfund-zwanziger | Fünfer | Einer |
|---|---|---|
| 4 | 3 | 2 |

_______________________________

_______________________________

_______________________________

_______________________________

Antwort: _______________________________

_______________________________

3 P

In diesem Test habe ich ______ Punkte von insgesamt 36 Punkten erreicht.

Die schriftlichen Rechenverfahren, die du in diesem Kapitel wiederholen und üben kannst, sind auch im Computerzeitalter bedeutsam. Du solltest wissen, wie diese Verfahren funktionieren, damit du Additionen schnell lösen kannst – auch ohne Computer.

## Addieren in der Stellenwerttafel

Schriftliches Rechnen bedeutet Rechnen mit Stellenwerten. Dazu kannst du die Zahlen, die du addieren willst, in eine Stellenwerttafel eintragen. Dann addierst du erst die Einer, dann die Zehner usw. Schau dir die Beispiele an.

**Beispiele**

### Addieren ohne Zehnerüberschreitung

Berechne die Summe von 2 423 und 3 164. Addiere in der Stellenwerttafel.

| | T | H | Z | E |
|---|---|---|---|---|
| + | 2 | 4 | 2 | **3** |
| | 3 | 1 | 6 | **4** |
| | 5 | 5 | 8 | **7** |

Rechne so:

**4** + **3** = **7** → 7 hinschreiben
6 + 2 = 8 → 8 hinschreiben
1 + 4 = 5 → 8 hinschreiben
3 + 2 = 5 → 5 hinschreiben

Sprich so:
**4** plus **3** gleich **7**.
6 plus 2 gleich 8 usw.

**1** a) Addiere 3 721 und 5 146. Trage die Zahlen in die Stellenwerttafel ein, und rechne.

b) Addiere ebenso 2 165 und 5 724.

a)

| | T | H | Z | E |
|---|---|---|---|---|
| + | | | | |
| | | | | |
| | | | | |

b)

| | T | H | Z | E |
|---|---|---|---|---|
| + | | | | |
| | | | | |
| | | | | |

**2** a) Berechne die Summe von 4 220 und 1 429. Rechne in einer Stellenwerttafel in deinem Heft.

b) Bestimme ebenso die Summe von 3 265 und 4 622.

**Beispiele**

**Addieren mit Zehnerüberschreitung**

Jetzt sollst du 2 537 und 4 628 addieren.

| | T | H | Z | E |
|---|---|---|---|---|
| | 2 | 5 | 3 | **7** |
| + | 4 (Übertrag 1) | 6 | 2 (Übertrag 1) | **8** |
| | 7 | 1 | 6 | **5** |

Rechne so:

**8 + 7 = 15** → **5** hinschreiben, **1 übertragen**
1 + 2 + 3 = 6 → 6 hinschreiben
6 + 5 = 11 → 1 hinschreiben, 1 übetragen
1 + 4 + 2 = 7 → 7 hinschreiben

Sprich so:
**8** plus **7** gleich **15**.
Schreibe 5, übertrage 1.
3 plus 3 gleich 6 usw.

**3** Addiere in einer Stellenwerttafel. Verwende dazu dein Heft.

a) 4 125 + 2 516
b) 7 483 + 1 695
c) 6 344 + 2 796

Wenn du die Seiten 36 und 37 bearbeitet hast, hast du bestimmt bemerkt: Das schriftliche Addieren in einer Stellenwerttafel ist zu umständlich. Rechne deshalb ohne sie.

## Schriftlich addieren ist ganz leicht

Achte beim schriftlichen Addieren darauf, dass du die Zahlen **stellengerecht untereinanderschreibst**. Also: Einer unter Einer, Zehner unter Zehner usw. Das geht am besten, wenn du Blätter oder **Hefte mit Kästchen** verwendest. Beim Addieren von drei oder mehr Zahlen musst du die Stellung besonders sorgfältig überprüfen. Kommt es beim Rechnen zu einem Übertrag, dann schreibst du ihn **unter die Ziffer**. Schau dir das Beispiel an.

**Beispiele**

### Schriftliches Addieren

Du sollst rechnen: 2 147 + 896 =

So schreibst du die Aufgabe richtig auf:

| | | | | |
|---|---|---|---|---|
| | 2 | 1 | 4 | 7 |
| + | | 8 | 9 | 6 |
| | | | | |

So ist es falsch:

| | | | | |
|---|---|---|---|---|
| | 2 | 1 | 4 | 7 |
| + | 8 | 9 | 6 | |
| | | | | |

Rechne so:

| | | | | |
|---|---|---|---|---|
| | 2 | 1 | 4 | **7** |
| + | | 8 | 9 | **6** |
| | 1 | 1 | 1 | |
| | 3 | 0 | 4 | **3** |

**6 + 7 = 13 → 3 hinschreiben, 1 übertragen**
1 + 9 + 4 = 14 → 4 hinschreiben, 1 übertragen
1 + 8 + 1 = 10 → 0 hinschreiben, 1 übertragen
1 + 2 = 3 → 3 hinschreiben

**1** Schreibe diese Aufgaben untereinander ins Heft, und addiere schriftlich.

a) 8 256 + 341 = ____ → ____ + 659 = ____

b) 249 + 659 = ____ → ____ + 341 = ____

c) 1 004 + 359 = ____ → ____ + 641 = ____

**2** a)

| | | | | |
|---|---|---|---|---|
| | 4 | 7 | 1 | 2 |
| + | | 8 | 5 | 6 |
| + | 2 | 1 | 7 | 3 |

b)

| | | | | |
|---|---|---|---|---|
| | | 7 | 0 | 4 |
| + | 1 | 2 | 5 | 6 |
| + | 2 | 5 | 7 | 9 |

**3** Sind hier die Zahlen zum Addieren richtig untereinandergeschrieben? Schreibe die Aufgabe richtig auf, und rechne sie.

| | | | | |
|---|---|---|---|---|
| | 4 | 2 | 1 | 5 |
| + | 3 | 1 | 7 | |
| + | 4 | 8 | | |
| + | 1 | 0 | 5 | 7 |

**4** Schreibe auch diese Aufgabe richtig auf, und rechne sie.

| | | | | |
|---|---|---|---|---|
| | 3 | 0 | 1 | 9 |
| + | | 7 | 9 | |
| + | 1 | 0 | 9 | |
| + | 1 | 4 | 3 | 2 |

**5** Addiere diese Zahlen in deinem Heft: 4125, 173, 892 und 1708. Achte beim Aufschreiben darauf, dass Einer (E) unter Einern, Zehner (Z) unter Zehnern usw. stehen.

**6** a) Addiere jetzt diese Zahlen in deinem Heft: 821, 3710, 210, 1765

b) Rechne: 1251 + 28 + 108 + 4205

Für Könner!

**7** Findest du die fehlenden Ziffern?

a)

| | | | | |
|---|---|---|---|---|
| | 2 | □ | 3 | 1 |
| + | 1 | 6 | 7 | □ |
| + | 5 | 2 | □ | 7 |
| | □ | 3 | 1 | 7 |

b)

| | | | | |
|---|---|---|---|---|
| | 3 | □ | □ | 1 |
| + | | 9 | 7 | 6 |
| + | 5 | 4 | 3 | 2 |
| | □ | 8 | 2 | □ |

c)

| | | | | |
|---|---|---|---|---|
| | □ | □ | 8 | 1 |
| + | 3 | 8 | 7 | □ |
| + | 1 | 5 | □ | 7 |
| | 8 | 2 | 2 | 0 |

d)

| | | | | |
|---|---|---|---|---|
| | □ | 3 | 0 | 0 |
| + | 2 | □ | 6 | 1 |
| + | | 8 | □ | 2 |
| | 7 | 7 | 1 | □ |

e)

| | | | | |
|---|---|---|---|---|
| | 2 | 5 | 6 | □ |
| + | | 3 | □ | 4 |
| + | 6 | □ | 0 | 6 |
| | □ | 1 | 2 | 9 |

f)

| | | | | |
|---|---|---|---|---|
| | 4 | 2 | □ | 3 |
| + | □ | 2 | 4 | 1 |
| + | 2 | 4 | 1 | □ |
| | 9 | □ | 6 | 7 |

Wenn du die letzten Seiten bearbeitet hast, bist du schon ein Meister im Addieren! Jetzt geht es weiter mit dem Subtrahieren. Das übst du zunächst wieder mit der Stellenwerttafel.

## Subtrahieren in der Stellenwerttafel: Ergänzungsverfahren

**Beispiele**

### Subtrahieren ohne Zehnerüberschreitung

| | T | H | Z | E |
|---|---|---|---|---|
| | 3 | 5 | 8 | **5** |
| – | 1 | 2 | 3 | **1** |
| | 2 | 3 | 5 | **4** |

Schriftlich subtrahierst du durch Ergänzen. In diesem Beispiel fragst du dich: „Wie viele fehlen von 1 auf 5?“

Diese ergänzte Zahl wird beim Sprechen betont und hingeschrieben.

Rechne so:

**1** + **4** = **5** → 4 hinschreiben

3 + 5 = 8 → 5 hinschreiben

2 + 3 = 5 → 3 hinschreiben

1 + 2 = 3 → 2 hinschreiben

Sprich so: **1** plus **4** gleich **5**.
3 plus 5 gleich 8 usw.

**1** Rechne wie im Beispiel.

a)

| | T | H | Z | E |
|---|---|---|---|---|
| | 4 | 8 | 9 | 2 |
| – | 2 | 3 | 4 | 1 |
| | | | | |

b)

| | T | H | Z | E |
|---|---|---|---|---|
| | 7 | 5 | 6 | 2 |
| – | 4 | 5 | 2 | 0 |
| | | | | |

**2** Subtrahiere schriftlich in deinem Heft.
Fertige dazu Stellenwerttafeln an, trage die Zahlen ein, und rechne.

a) 5726 – 2415   b) 6079 – 4016

Hier ist die Rechnung etwas schwieriger, denn hier wird der Zehner überschritten:

**Beispiele**

### Subtrahieren mit Zehnerüberschreitung

| | T | H | Z | E |
|---|---|---|---|---|
| | 4 | 7 | 3 | **5** |
| – | 1 | 8 | 5 | **7** |
| | 1 | 1 | 1 | |
| | 2 | 8 | 7 | **8** |

Auch hier stellst du dir die Frage:
„Wie viele fehlen von 7 auf 5?"
Antwort: „Das geht nicht."
Daher musst du die Zahl 5 um 10 erhöhen und dich dann fragen:
„Wie viele fehlen von 7 auf 15?"

Diese ergänzte Zahl wird beim Sprechen betont und hingeschrieben. Vergiss nicht den Übertrag.

Rechne so:

**7** + **8** = **15** → 8 hinschreiben, **1** übertragen
**1** + 3 + 7 = 13 → 7 hinschreiben, 1 übertragen
1 + 8 + 8 = 17 → 8 hinschreiben, 1 übertragen
1 + 1 + 2 = 4 → 2 hinschreiben

Sprich so: **7** plus **8** gleich **15**.
6 plus 7 gleich 13 usw.

**3** Rechne wie oben.

a)

| | T | H | Z | E |
|---|---|---|---|---|
| | 8 | 2 | 1 | 2 |
| – | 1 | 6 | 7 | 5 |
| | | | | |

b)

| | T | H | Z | E |
|---|---|---|---|---|
| | 4 | 0 | 2 | 1 |
| – | 1 | 4 | 3 | 1 |
| | | | | |

**4** Trage die Zahlen in Stellenwerttafeln ein, und rechne in deinem Heft.

a) 7621 – 3456   b) 8700 – 2469

## Schriftliche Subtraktion: Ergänzungsverfahren

Das Rechnen in Stellenwerttafeln ist zu umständlich. Hier siehst du noch einmal an einer Musteraufgabe, wie du **leichter rechnen** kannst. Achte weiterhin auf **stellengerechtes Schreiben** der Zahlen!

### Beispiele

Löse diese Aufgabe:

6 243 – 568 = ________

Schreibe so:

| | | | | |
|---|---|---|---|---|
| | 6 | 2 | 4 | **3** |
| – | | 5 | 6 | **8** |
| | 1 | 1 | 1 | |
| | 5 | 6 | 7 | **5** |

Rechne so:
Wieder fragst du dich: „Wie viele fehlen von 8 auf 3?“ Antwort: „Geht nicht. Ich muss 3 erhöhen um 10. Also: Wie viele fehlen von 8 auf 13?“ Diese ergänzte Zahl betonst du, schreibst sie hin und auch den Überschlag.

**8 + 5 = 13** → **5** hinschreiben, **1** übertragen
**1** + 6 + 7 = 14 → 7 hinschreiben, 1 übertragen
1 + 5 + 6 = 12 → 6 hinschreiben, 1 übertragen
1 + 5 = 6 → 5 hinschreiben

**1** Rechne stellengerecht im Heft.

a) 7 234 – 4 356
8 137 – 495
6 271 – 1 350

b) 2 514 – 946
3 214 – 2 931
4 953 – 948

c) 2 341 – 1 246
7 921 – 4 302
4 040 – 149

**2** Wo wurde falsch gerechnet? Suche die Fehler, und rechne die Aufgaben richtig aus.

a)

| | | | | |
|---|---|---|---|---|
| | 7 | 8 | 8 | 5 |
| – | 5 | 7 | 9 | 8 |
| | 2 | 1 | 8 | 3 |

b)

| | | | | |
|---|---|---|---|---|
| | 4 | 7 | 6 | 3 |
| – | | 9 | 8 | 4 |
| | 3 | 8 | 7 | 1 |

c)

| | | | | |
|---|---|---|---|---|
| | 5 | 0 | 0 | 7 |
| – | 3 | 2 | 1 | 8 |
| | 2 | 8 | 8 | 9 |

Für Könner!

**3** Suche die fehlenden Ziffern. Kontrolliere dein Ergebnis, indem du die Subtraktion ausführst.

a)

| | | | | |
|---|---|---|---|---|
| | | 8 | | |
| – | 3 | | 4 | 7 |
| | 2 | 5 | 6 | 3 |

b)

| | | | | |
|---|---|---|---|---|
| | 1 | | 4 | 3 |
| – | | 7 | | 8 |
| | | 0 | 7 | |

## Zwei Zahlen subtrahieren durch Ergänzen

**Beispiele**

Soll mehr als eine Zahl abgezogen werden, rechnest du am besten so:

Löse diese Aufgabe:

5430 – 147 – 2514 = ________

Schreibe so:

| | | | | |
|---|---|---|---|---|
| | 5 | 4 | 3 | **0** |
| – | | 1 | 4 | **7** |
| – | 2 | 5 | 1 | **4** |
| | 1 | 1 | 2 | |
| | 2 | 7 | 6 | **9** |

Rechne so:

**4 + 7 + 9 = 20** → **9** hinschreiben, **2** übertragen
**2** + 1 + 4 + 6 = 13 → 6 hinschreiben, 1 übertragen
1 + 5 + 1 + 7 = 14 → 7 hinschreiben, 1 übertragen
1 + 2 + 2 = 5 → 2 hinschreiben.

**1** Rechne wieder stellengerecht im Heft.

a) 7241 – 1234 – 897
b) 6524 – 2341 – 1467
c) 4502 – 897 – 1374
d) 8300 – 2519 – 376
e) 8812 – 429 – 3507
f) 6000 – 4213 – 1630

**2** Subtrahiere die Zahlen in Pfeilrichtung schriftlich voneinander. Kennzeichne den Weg, der zur kleinsten Ergebniszahl führt.

Rechne so:

| | | | | |
|---|---|---|---|---|
| | 4 | 8 | 7 | 5 |
| – | | 6 | 9 | 5 |
| – | 2 | 7 | 8 | 6 |
| – | | 9 | 7 | 3 |
| | | | | |

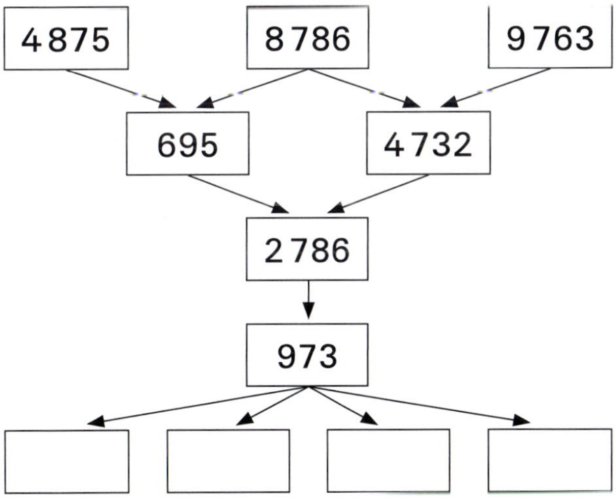


**3** Jede Aufgabe kannst du durch eine Gegenaufgabe kontrollieren.

a)
3278
\+ 275
\+ 1564
______

______
– 275
– 1564
______

b)
5791
– 2822
– 1238
______

______
\+ 2822
\+ 1238
______

## Subtrahieren in der Stellenwerttafel: Abziehverfahren

Wie du weißt, kann man Subtraktionsaufgaben entweder durch Ergänzen oder durch Abziehen lösen.

Ergänzen:

2512 + ☐ = 3765

Abziehen:

3765 – 2512 = ☐

Das schriftliche Subtrahieren durch Ergänzen hast du auf den Seiten 40 bis 43 wiederholt. Jetzt sollst du die Subtraktionen durch Abziehen lösen. Dieses Beispiel erklärt dir, wie das geht.

**Beispiele**

Du sollst schriftlich rechnen: 3765 – 2512 = ______

| | T | H | Z | E |
|---|---|---|---|---|
| | 3 | 7 | 6 | 5 |
| – | 2 | 5 | 1 | 2 |
| | **1** | **2** | **5** | **3** |

Beginne immer mit den Einern, und rechne von oben nach unten.

Rechne so:

5 – 2 = **3** → schreibe **3**
6 – 1 = **5** → schreibe **5**
7 – 5 = **2** → schreibe **2**
3 – 2 = **1** → schreibe **1**

Sprich so:

5 minus 2 gleich **3**
6 minus 1 gleich **5**
7 minus 5 gleich **2**
3 minus 2 gleich **1**

**1** Rechne, und sprich wie im Beispiel.

a)

| | T | H | Z | E |
|---|---|---|---|---|
| | 8 | 4 | 8 | 2 |
| – | 4 | 3 | 5 | 1 |
| | | | | |

b)

| | T | H | Z | E |
|---|---|---|---|---|
| | 4 | 7 | 8 | 5 |
| – | 2 | 3 | 7 | 5 |
| | | | | |

**2** Subtrahiere auch hier durch Abziehen. Trage dazu die Zahlen stellengerecht in eine Stellenwerttafel ein, also Einer unter Einer, Zehner unter Zehner usw.

a) 7654 – 3142
b) 9716 – 5214
c) 8735 – 612
d) 2876 – 726

**Beispiele**

## Abziehverfahren mit Übertrag

Du sollst schriftlich rechnen: 3542 − 1625 = ________

| | T | H | Z | E |
|---|---|---|---|---|
| | 2 | | 3 | |
| | ~~3~~ | 5 | ~~4~~ | 2 |
| − | 1 | 6 | 2 | 5 |
| | **1** | **9** | **1** | **7** |

Rechne, und sprich so:

2 minus 5 geht nicht, und ich muss **wechseln** und
1 herüberholen, bleibt 3;
12 minus 5 gleich **7**.
3 minus 2 gleich **1**.

5 minus 6 geht nicht, ich muss wechseln und
1 herüberholen, bleibt 2;
15 minus 6 gleich **9**.
2 minus 1 gleich **1**.

**3** Rechne, und sprich ebenso.

a)

| | T | H | Z | E |
|---|---|---|---|---|
| | | | | |
| | 7 | 6 | 3 | 8 |
| − | 3 | 9 | 8 | 4 |
| | | | | |

b)

| | T | H | Z | E |
|---|---|---|---|---|
| | | | | |
| | 4 | 5 | 3 | 2 |
| − | 1 | 6 | 7 | 8 |
| | | | | |

c)

| | T | H | Z | E |
|---|---|---|---|---|
| | | | | |
| | 4 | 5 | 6 | 7 |
| − | | 9 | 8 | 7 |
| | | | | |

Gibt es Nullen in den Zahlen, musst du gut aufpassen.

**Beispiele**

## Abziehverfahren bei Zahlen mit Nullen

| | T | H | Z | E |
|---|---|---|---|---|
| | 3 | 2 | 9 | |
| | ~~4~~ | ~~3~~ | ~~0~~ | 5 |
| − | 1 | 5 | 3 | 7 |
| | **2** | **7** | **6** | **8** |

Rechne, und sprich so:

5 minus 7 geht nicht, ich muss wechseln;
1 herüber von 0 Zehnern geht auch nicht,
ich muss wieder wechseln;
1 herüber, von 3 Hundertern bleiben 2;
1 herüber, von 10 Zehnern bleiben 9;
15 minus 7 gleich **8**.
9 minus 3 gleich **6**.

2 minus 5 geht nicht, ich muss wechseln,
1 herüber, bleibt 3;
12 minus 5 gleich **7**.
3 minus 1 gleich **2**

Für Könner!

**4** Rechne, und sprich wie im Beispiel.

a) 5903 − 2745 b) 7049 − 5481

## Schriftliche Subtraktion: Abziehverfahren

Die Stellenwerttafel als Lösungshilfe brauchst du jetzt nicht mehr. Hier siehst du wieder eine Musteraufgabe, wie es leichter geht. Achte aber immer auf das stellengerechte Untereinanderschreiben der Zahlen.

**Beispiele**

Du sollst rechnen: 6 240 − 965 = ________

| | | | | |
|---|---|---|---|---|
| | 5 | 1 | 3 | |
| | ~~6~~ | ~~2~~ | ~~4~~ | 0 |
| − | | 9 | 6 | 5 |
| | **5** | **2** | **7** | **5** |

Rechne, und sprich so:

0 minus 5 geht nicht, ich muss wechseln und 1 herüber, bleibt 3;
10 minus 5 gleich **5**.

3 minus 6 geht nicht, ich muss wechseln und 1 herüber, bleibt 1;
13 minus 6 gleich **7**.

1 minus 9 geht nicht, ich muss wechseln und 1 herüber, bleibt 5;
11 minus 9 gleich **2**.

5 minus 0 gleich **5**.

**1** Rechne ebenso in deinem Heft.

a) 7 543 − 842
b) 3 742 − 1 956
c) 8 245 − 3 514
d) 6 721 − 6 549
e) 4 625 − 876
f) 5 240 − 1 765

Für Könner! **2** Berechne die Aufgaben in deinem Heft. Achte hier auf Nullen!

!

a) 6 502 − 785
b) 7 008 − 2 561
c) 4 305 − 987

Du solltest jede Rechnung kontrollieren. Das geht am besten mit der **Umkehraufgabe**. Du kontrollierst die Ergebnisse deiner Subtraktionsaufgaben durch Additionsaufgaben.

Beispiel: Aufgabe: Umkehraufgabe:

| Aufgabe | Umkehraufgabe |
|---|---|
| 7 ~~4~~25 (Übertrag: 3) | **3064** |
| − 4361 | + 4361 (Übertrag: 1) |
| **3064** | 7425 |

**3** Rechne jede Aufgabe. Bilde die entsprechende Umkehraufgabe. Löse auch sie, und überprüfe damit deine Rechnung.

a) 7405 − 3476 = [ ] → [ ] + 3476 = ____

b) 8627 − 989 = [ ] → [ ] + 989 = 1989 ____

**4** Welche Aufgabe ist falsch gerechnet? Bilde zu jeder Aufgabe die Umkehraufgabe. Bei welcher stimmt das Ergebnis der Umkehraufgabe mit der Ausgangszahl der Aufgabe nicht überein? Löse sie richtig.

a)

| | | | | |
|---|---|---|---|---|
| | | 0 | | |
| | 3 | ~~1~~ | 2 | 5 |
| − | 2 | 0 | 9 | 4 |
| | 1 | 0 | 3 | 1 |

b)

| | | | | |
|---|---|---|---|---|
| | 3 | 1 | 9 | |
| | ~~4~~ | ~~2~~ | ~~0~~ | 1 |
| − | 1 | 4 | 8 | 5 |
| | 2 | 7 | 1 | 6 |

c)

| | | | | |
|---|---|---|---|---|
| | 4 | 2 | | |
| | ~~5~~ | ~~3~~ | 4 | 5 |
| − | 2 | 4 | 9 | 3 |
| | 1 | 8 | 6 | 2 |

Manchmal musst du zwei oder mehr als zwei Zahlen abziehen. Auch das bekommst du hin, wetten? Schau dir das Beispiel an.

**Beispiele**

Du sollst diese Aufgabe lösen:

8751 − 341 − 2451 − 845 = ________

Rechne so:

```
   341          4
+ 2451       87̸51
+  845     − 3637
   1 1     ------
  3637       5114
```

Siehst du, wie das geht? Du zerlegst die Aufgabe in eine Additions- und in eine Subtraktionsaufgabe. Zuerst addierst du alle Subtrahenden und ziehst das Ergebnis dann vom Minuend ab.

**5** Kontrolliere das Ergebnis des Beispiels so, Schritt für Schritt:

| | | |
|---|---|---|
| 8751 | [ ] | [ ] |
| − 341 | − 2451 | − 845 |
| [ ] | [ ] | [ ] |

Für Könner!

**6** Rechne im Heft, und löse zur Kontrolle drei Subtraktionsaufgaben wie in Aufgabe 5.

9435 − 2746 − 3218 − 977

## Schriftliche Multiplikation

**1** a) Wie viel ist 1 327 · 4?

Du kannst so rechnen:

1 327 · 4 = ?

1 000 · 4 = 4 000
\+ 300 · 4 = 1 200
\+ 20 · 4 = 80
\+ 7 · 4 = 28

1 327 · 4 = 5 308

b) Rechne ebenso:

2 518 · 5

2 518 · 5 = ?

__________
\+ __________
\+ __________
\+ __________

__________

c) Du kannst 1 327 · 4 aber auch so rechnen:

1 327
\+ 1 327
\+ 1 327
\+ 1 327

__________

d) Berechne wie in c):
2 518 · 5

__________
__________
__________
__________

__________

In Aufgabe 1 hast du schrittweise multipliziert. Es geht aber auch ohne Zwischenschritte, wie dir das Beispiel zeigt.

**Beispiele**

So rechnest du schriftlich:

1 327 · **4**
5 30**8**

**4 · 7 = 28** → **8** hinschreiben, **2** übertragen
**4** · 2 = 8; 8 + **2** = 10 → 0 hinschreiben, 1 übertragen
**4** · 3 = 12; 12 + 1 = 13 → 3 hinschreiben, 1 übertragen
**4** · 1 = 4; 4 + 1 = 5 → 5 hinschreiben

**2** Rechne ebenso schriftlich im Heft.

a) 2 345 · 7
b) 4 017 · 5
c) 6 326 · 4
d) 4 312 · 6
e) 7 213 · 4
f) 6 217 · 3

Mit Zehnerzahlen lässt sich leicht multiplizieren:

**Beispiele**

Du sollst rechnen: 3 253 · 30 = ________

So kannst du rechnen:

3 253 · **30** = 3 253 · **3** · **10**
da **30** = **3** · **10**

Du kannst die Aufgabe also in zwei Schritten lösen:

3 253 · **3** → **9 759**

**9 759** · **10** → 97 590

Die beiden Multiplikationsaufgaben kannst du so zusammenfassen:

3 253 · **30**
97 59**0**

**3** Rechne wie oben im Beispiel in zwei Schritten.

1 782 · 40

**4** Rechne jetzt in einer Multiplikationsaufgabe.

a) 1 782 · 30
b) 3 507 · 70
c) 6 321 · 50

Bei diesen Aufgaben ist die Rechnung schwieriger:

**Beispiele**

Du sollst rechnen: 4 327 · 46 = ________

So kannst du rechnen:

4 327 · **46** = 4 327 · **40** + 4 327 · **6**, da: **46** = **40** + **6**

Du kannst so weiterrechnen:

4 327 · 40
173 080 → 173 080

4 327 · 6
25 962 → + 25 962
199 042

oder kürzer:

4 327 · 46
173 080
25 962
199 042

Die Null kannst du auch weglassen. Achte aber darauf, dass du mit den Zehnern beginnst und stellengerecht schreibst!

Für Könner!

**5** Rechne die Aufgabe 2 456 · 53 ausführlich:

2 456 · 50
________ → ________

2 456 · 3
________ → + ________
________

kürzer:

2 456 · 53
________
________
________

## So vermeidest du Fehler beim Multiplizieren

Beim Multiplizieren mit 2 oder 3 Zahlen musst du auf **genaues Hinschreiben** achten.

Beispiel:

```
1752 · 39
     5256
    15768
    68328
```

```
1752 · 329
      5256
      3504
     15768
    576408
```

**1** Multipliziere schriftlich.

a) 4125 · 26

Beginne mit der höchsten Stelle.

b) 4325 · 17

**2** Rechne schriftlich.

a) 2146 · 23

b) 743 · 86

**Achte auf Nullen!** Bei Aufgaben mit Nullen können sich leicht Fehler einschleichen.

Denke daran: 3 · 0 = 0 ...
Ist ein Faktor **0**, so ist auch das Ergebnis **0**.

Beispiel: 1602 · 4

falsch: ~~1602 · 4 = 648~~

richtig: 1602 · 4 = 6408

**3** Rechne im Heft, und notiere hier die Lösungen.

a) 2502 · 3 = ______ 1046 · 7 = ______

b) 2520 · 3 = ______ 2008 · 9 = ______

c) 2052 · 3 = ______ 3040 · 7 = ______

**4** Achte auf Nullen! Rechne die Aufgaben zu Ende.

a)

| | | | | | | |
|---|---|---|---|---|---|---|
| 2 | 7 | 3 | · | 2 | 0 | 5 |
| | | 5 | 4 | 6 | 0 | |
| | | | 1 | 3 | 6 | 5 |
| | | | | | | |

b)

| | | | | | | |
|---|---|---|---|---|---|---|
| 4 | 2 | 1 | · | 3 | 8 | 0 |
| | 1 | 2 | 6 | 3 | | |
| | | 3 | 3 | 6 | 8 | 0 |
| | | | | | | |

c)

| | | | | | | |
|---|---|---|---|---|---|---|
| | 3 | 4 | 0 | · | 2 | 6 |
| | | | 6 | 8 | 0 | |
| | | | 2 | 0 | 4 | 0 |
| | | | | | | |

Löse ebenso im Heft.

d) 371 · 503
1 125 · 305

e) 1 721 · 250
486 · 340

f) 230 · 87
1 250 · 23

**5** Rechne nach! Zwei Rechnungen sind falsch.
Berichtige sie.

a)

| | | | | | | |
|---|---|---|---|---|---|---|
| 4 | 0 | 2 | 5 | · | 2 | 6 |
| | | 8 | 2 | 5 | 0 | |
| | | 2 | 4 | 1 | 5 | 0 |
| | 1 | 0 | 6 | 6 | 5 | 0 |

b)

| | | | | | | |
|---|---|---|---|---|---|---|
| 1 | 0 | 0 | 9 | · | 2 | 4 |
| | | 2 | 0 | 1 | 8 | |
| | | | 4 | 0 | 3 | 6 |
| | | 2 | 4 | 2 | 1 | 6 |

c)

| | | | | | | |
|---|---|---|---|---|---|---|
| 3 | 1 | 0 | 4 | · | 3 | 5 |
| | | 9 | 3 | 1 | 2 | |
| | | 1 | 5 | 5 | 2 | 0 |
| | 1 | 0 | 8 | 6 | 4 | 0 |

d)

| | | | | | | |
|---|---|---|---|---|---|---|
| 7 | 0 | 2 | 0 | · | 7 | 4 |
| | 4 | 9 | 1 | 4 | 4 | |
| | | | 2 | 8 | 8 | 0 |
| | 4 | 9 | 4 | 3 | 2 | 0 |

**6** Kannst du herausfinden, welche
Zahlen hier fehlen?

a)

| | | | | | | |
|---|---|---|---|---|---|---|
| 4 | 2 | 5 | 3 | · | | |
| | | | | 5 | 3 | |
| | | | | | 6 | 5 |
| | | | | | | |

b)

| | | | | | | |
|---|---|---|---|---|---|---|
| 2 | 1 | | | · | 3 | 5 |
| | | | 3 | 9 | 3 | |
| | | | | | | |
| | | | | | | |

Für Könner!

**7** Finde die zwei Fehler durch
Überschlag.

a) 623 · 52 = 32 396
b) 41 · 195 = 4 995
c) 1 089 · 19 = 10 691
d) 185 · 203 = 37 555

Durch **Überschläge** kannst du eine Schnellkontrolle im Kopf durchführen. Dazu multiplizierst du glatte Nachbarzahlen anstelle der eigentlichen Zahlen.

Beispiel: 193 · 73 = ________

Überschlag: 200 · 70 = 14 000

Jetzt weißt du, dass das Ergebnis von 193 · 73 ungefähr 14 000 ergeben muss. Und tatsächlich:
193 · 73 = 14 089

## Schriftliche Division ohne Rest

**1** Die Aufgabe 9576 : 7 kannst du so lösen:

9576 : 7 = ______

```
  9 5 7 6
– 7 0 0 0  ──►    1 0 0 0
  2 5 7 6
– 2 1 0 0  ──►  +   3 0 0
    4 7 6
–   4 2 0  ──►  +     6 0
      5 6
–     5 6  ──►  +       8
        0         1 3 6 8

    9 5 7 6 : 7 = 1 3 6 8
```

a) Löse ebenso.

6152 : 4 = ______

6 1 5 2 : 4 =

### Beispiele

Schriftlich dividierst du so. Die Stellenwertbezeichnungen helfen dir:

```
T H Z E           T H Z E
9 5 7 6 : 7 =     1 3 6 8
7 ────────────────┘ │ │ │
2 5                 │ │ │
2 1 ────────────────┘ │ │
  4 7                 │ │
  4 2 ────────────────┘ │
    5 6                 │
    5 6 ────────────────┘
      0
```

b) Rechne ebenso im Heft.

T H Z E      T H Z E

6 1 5 2 : 4 = ______

**2** a) Rechne im Heft.

T H Z E      T H Z E

8 5 2 6 : 6 = ______

b) T H Z E      T H Z E

6 7 8 0 : 4 = ______

Bei Aufgaben mit einer Null im Ergebnis musst du besonders auf die Stellenwerte achten:

**Beispiele**

| T | H | Z | E | | | | T | H | Z | E |
|---|---|---|---|---|---|---|---|---|---|---|
| 3 | 5 | 2 | 5 | : | 5 | = | | 7 | **0** | 5 |
| 3 | 5 | | | | | | | | | |
| | 0 | **2** | | | | | | | | |
| | | 0 | | | | | | | | |
| | | 2 | 5 | | | | | | | |
| | | 2 | 5 | | | | | | | |
| | | | 0 | | | | | | | |

**2 : 5**
ergibt **0**

**3** Rechne ebenso im Heft.

T H Z E      T H Z E

6 3 4 9 : 7 = ________

Achte auf Nullen!
Denke daran:

5 : 5 = 1      1 · 5 = 5
**0** : 5 = **0**      **0** · 5 = **0**

Beim Dividieren kannst du jetzt die Stellenwertbezeichnungen T, H, Z, E weglassen. Wie du dann rechnest, erklärt dir das Beispiel nochmals ganz genau.

**Beispiele**

Löse diese Aufgabe: 2976 : 6 = ________

Rechne so:

| | | | | | | | | | |
|---|---|---|---|---|---|---|---|---|---|
| **2** | **9** | 7 | 6 | : | **6** | = | **4** | 9 | 6 |
| **2** | **4** | | | | | | | | |
| | 5 | 7 | | | | | | | |
| | 5 | 4 | | | | | | | |
| | | 3 | 6 | | | | | | |
| | | 3 | 6 | | | | | | |
| | | | 0 | | | | | | |

Sprich so:

| | | |
|---|---|---|
| 2 : 6 | | geht nicht, |
| **29 : 6** = | ⟶ **4** | hinschreiben, |
| 4 · 6 = 24 | | Multiplikationskontrolle machen, |
| | ⟶ **24** | hinschreiben, von 29 abziehen und 7 herunterholen. |
| 57 : 6 | ⟶ 9 | hinschreiben, |
| 9 · 6 = 54 | | Multiplikationskontrolle machen, |
| | ⟶ 54 | hinschreiben, von 57 abziehen und 6 herunterholen. |
| 36 : 6 | ⟶ 6 | hinschreiben |
| 6 · 6 = 24 | | Multiplikationskontrolle machen, |
| | ⟶ 36 | hinschreiben, von 36 abziehen. |

**4** Rechne ebenso im Heft.

a) 4375 : 5      b) 29133 : 9      c) 17488 : 4
d) 25362 : 6      e) 15342 : 3      f) 9816 : 8

**5** Rechne diese Aufgaben zu Ende.

a)

| | | | | | | | | | | |
|---|---|---|---|---|---|---|---|---|---|---|
| T | H | Z | E | | | | T | H | Z | E |
| 5 | 2 | 5 | 0 | : | 5 | = | 1 | 0 | | |
| 5 | | | | | | | | | | |
| 0 | 2 | | | | | | | | | |
| | 0 | | | | | | | | | |
| | 2 | 5 | | | | | | | | |
| | | | | | | | | | | |
| | | | | | | | | | | |
| | | | 0 | | | | | | | |

b)

| | | | | | | | | | | |
|---|---|---|---|---|---|---|---|---|---|---|
| 7 | 0 | 3 | 5 | : | 7 | = | 1 | 0 | | |
| 7 | | | | | | | | | | |
| 0 | 0 | | | | | | | | | |
| | 0 | | | | | | | | | |
| | 0 | 3 | | | | | | | | |
| | | | | | | | | | | |
| | | | | | | | | | | |
| | | | 0 | | | | | | | |

**6** Schaffst du diese Aufgaben allein?

a) 3120 : 3 = ________ b) 4280 : 4 = ________ c) 7260 : 6 = ________

8048 : 8 = ________ 7206 : 6 = ________ 5075 : 5 = ________

**7** *Für Könner!* Überprüfe die Rechnungen. Es sind 2 Aufgaben falsch.
Achte besonders auf die Nullen.

!

a)

| | | | | | | | | | | | |
|---|---|---|---|---|---|---|---|---|---|---|---|
| 3 | 0 | 2 | 0 | 0 | : | 5 | = | 6 | 0 | 4 | 0 |
| 3 | 0 | | | | | | | | | | |
| | 0 | 2 | | | | | | | | | |
| | | 0 | | | | | | | | | |
| | | 2 | 0 | | | | | | | | |
| | | 2 | 0 | | | | | | | | |
| | | | 0 | 0 | | | | | | | |
| | | | 0 | 0 | | | | | | | |
| | | | | 0 | | | | | | | |

b)

| | | | | | | | | | | | |
|---|---|---|---|---|---|---|---|---|---|---|---|
| 2 | 5 | 4 | 0 | 0 | : | 4 | = | 6 | 3 | 5 | |
| 2 | 4 | | | | | | | | | | |
| | 1 | 4 | | | | | | | | | |
| | 1 | 2 | | | | | | | | | |
| | | 2 | 0 | | | | | | | | |
| | | 2 | 0 | | | | | | | | |
| | | | 0 | | | | | | | | |

c)

| | | | | | | | | | | | |
|---|---|---|---|---|---|---|---|---|---|---|---|
| 6 | 3 | 0 | 3 | 5 | : | 7 | = | 9 | 0 | 0 | 5 |
| 6 | 3 | | | | | | | | | | |
| | 0 | 0 | | | | | | | | | |
| | 0 | 0 | | | | | | | | | |
| | | 0 | 3 | | | | | | | | |
| | | 0 | 0 | | | | | | | | |
| | | | 3 | 5 | | | | | | | |
| | | | 3 | 5 | | | | | | | |
| | | | | 0 | | | | | | | |

d)

| | | | | | | | | | | | |
|---|---|---|---|---|---|---|---|---|---|---|---|
| 2 | 4 | 3 | 2 | 0 | : | 8 | = | 3 | 4 | 0 | |
| 2 | 4 | | | | | | | | | | |
| 0 | 3 | 2 | | | | | | | | | |
| | 3 | 2 | | | | | | | | | |
| | | 0 | 0 | | | | | | | | |
| | | 0 | 0 | | | | | | | | |
| | | | 0 | | | | | | | | |

## Schriftliches Dividieren durch zweistellige Zahlen

Bei der **Division durch zweistellige Zahlen** stellst du die gleichen Überlegungen an wie bei der Division durch eine einstellige Zahl. Schätze vorher durch Überschlagen die ungefähre Größe des Ergebnisses ab.

**Beispiele**

Löse diese Aufgabe: 23952 : 12 = ________

Zuerst machst du einen Überschlag: 24000 : 12 = 2000
Das Ergebnis der Aufgabe muss also etwas kleiner als 2000 sein.

So rechnest du:

| | | | | | | | | | | | | |
|---|---|---|---|---|---|---|---|---|---|---|---|---|
| 2 | 3 | 9 | 5 | 2 | : | 1 | 2 | = | 1 | 9 | 9 | 6 |
| 1 | 2 | | | | | | | | | | | |
| 1 | 1 | 9 | | | | | | | | | | |
| 1 | 0 | 8 | | | | | | | | | | |
| | 1 | 1 | 5 | | | | | | | | | |
| | 1 | 0 | 8 | | | | | | | | | |
| | | | 7 | 2 | | | | | | | | |
| | | | 7 | 2 | | | | | | | | |
| | | | | 0 | | | | | | | | |

Mach zum Schluss die Probe:

| | | | | | | |
|---|---|---|---|---|---|---|
| 1 | 9 | 9 | 6 | · | 1 | 2 |
| | | 1 | 9 | 9 | 6 | |
| | | | 3 | 9 | 9 | 2 |
| | | 2 | 3 | 5 | 5 | 2 |

**1** Überschlage zunächst. Im Heft rechnest du und machst die Probe.

a) 12072 : 12 = ______ Überschlag: ________ : 12 = ________

18672 : 12 = ______ Überschlag: ________ : 12 = ________

b) 4524 : 12 = ______ Überschlag: ________ : 12 = ________

8448 : 12 = ______ Überschlag: ________ : 12 = ________

Für Könner!

**2** Dividiere nun alle Aufgaben von Aufgabe 1 durch 6.

a) Was fällt dir auf?
b) Durch welche Zahl müsstest du all diese Ergebnisse dividieren, um zu den Ergebnissen von Aufgabe 1 zu gelangen?

**3** Löse diese Divisionen wie in Aufgabe 1.

a) 42840 : 70 b) 62650 : 70 c) 142590 : 70

## Ergebnisse kontrollieren durch Umkehraufgabe und Überschlag

Vertrauen ist gut, aber **Kontrolle** ist besser!
Ob diese Multiplikationsaufgabe 37 · 5 = 185 richtig ist, kannst du mit der Divisionsaufgabe 185 : 5 prüfen.

**1** Welches Ergebnis musst du erhalten, wenn du die Multiplikationsaufgabe im Merkkasten durch Division überprüfst?

______________________

**2** Prüfe diese Aufgabe:
524 · 12 = 6 288

a) Welche Divisionsaufgabe musst du rechnen?

______________________

b) Welches Ergebnis erwartest du?

______________________

c) Rechne nun die Divisionsaufgabe in deinem Heft. Trage hier das Ergebnis ein.

______________________

d) War die Multiplikationsaufgabe oben richtig?

______________________

Für Könner!

**3** Prüfe diese Aufgabe:
573 · 70 = 40 210

!

a) Welche Divisionsaufgabe musst du rechnen?

______________________

b) Welches Ergebnis erwartest du?

______________________

c) Rechne nun die Divisionsaufgabe in deinem Heft. Trage hier das Ergebnis ein.

______________________

d) War die Multiplikationsaufgabe oben richtig?

______________________

**4** a) Rechne schriftlich: 631 · 30

b) Durch welche Divisionsaufgabe kannst du deine Rechnung kontrollieren? Führe sie aus.

c) War deine Aufgabe richtig?

**5** a) Rechne im Heft: 1 732 · 70

b) Kontrolliere mit der Divisionsaufgabe.

Eine Multiplikationsaufgabe kannst du durch eine Divisionsaufgabe überprüfen. Eine Divisionsaufgabe dagegen überprüfst du durch eine Multiplikationsaufgabe. Du rechnest also **immer die Umkehraufgabe**.

**6** a) Durch welche Multiplikationsaufgabe kannst du 8 160 : 80 = 102 überprüfen?

b) Welches Ergebnis erwartest du?

c) Rechne die Multiplikationsaufgabe.

d) War das Ergebnis der Divisionsaufgabe richtig?

**7** Überprüfe die Aufgabe: 3 250 : 50 = 64

a) Welche Multiplikationsaufgabe musst du rechnen?

b) Welches Ergebnis erwartest du?

c) Rechne die Multiplikationsaufgabe.

d) War das Ergebnis der Divisionsaufgabe richtig?

Für Könner!

**8** a) Berechne: 21 660 : 20 = __________

b) Kontrolliere dein Ergebnis durch eine Multiplikationsaufgabe.

c) War das Ergebnis richtig?

## Schriftliche Division mit Rest

Wenn Divisionsaufgaben nicht aufgehen, bleiben Reste. Wie du damit umgehst, zeigt dir das Beispiel.

**Beispiele**

Rechne so:

| | | | | | | | | | | | |
|---|---|---|---|---|---|---|---|---|---|---|---|
| 9 | 1 | 4 | : | 4 | = | 2 | 2 | 8 | | **R** | **2** |
| 8 | | | | | | | | | | | |
| 1 | 1 | | | | | | | | | | |
| | 8 | | | | | | | | | | |
| | 3 | 4 | | | | | | | | | |
| | 3 | 2 | | | | | | | | | |
| | | 2 | | | | | | | | | |

| | | | | | | | | | | | | | | |
|---|---|---|---|---|---|---|---|---|---|---|---|---|---|---|
| 8 | 5 | 5 | 4 | : | 7 | 0 | = | 1 | 2 | 2 | | **R** | **1** | **4** |
| 7 | 0 | | | | | | | | | | | | | |
| 1 | 5 | 5 | | | | | | | | | | | | |
| 1 | 4 | 0 | | | | | | | | | | | | |
| | 1 | 5 | 4 | | | | | | | | | | | |
| | 1 | 4 | 0 | | | | | | | | | | | |
| | | 1 | 4 | | | | | | | | | | | |

Wie du siehst, wird der **Rest** mit einem **R** hinter das Ergebnis geschrieben. Hast du in der Schule eine andere Schreibweise gelernt, verwende diese.

**1** Rechne wie im Beispiel.

| | | | | | | | | | | |
|---|---|---|---|---|---|---|---|---|---|---|
| 4 | 4 | 2 | : | 6 | = | | | | | |
| | | | | | | | | | | |
| | | | | | | | | | | |
| | | | | | | | | | | |
| | | | | | | | | | | |
| | | | | | | | | | | |
| | | | | | | | | | | |

**2** Rechne im Heft. Notiere hier in der Restschreibweise, die du im Unterricht gelernt hast.

a) 7254 : 5 = ____________________

b) 6725 : 3 = ____________________

c) 84321 : 40 = ____________________

d) 188205 : 20 = ____________________

Für Könner!

**3** Rechne, und notiere hier in der gelernten Restschreibweise.

a) 17423 : 30 = ____________________

b) 48543 : 60 = ____________________

c) 59180 : 12 = ____________________

d) 43057 : 12 = ____________________

**4** Kontrolliere die Divisionsaufgabe 35415 : 70 = 505 R 65 durch die Multiplikationsaufgabe.

5 0 5 · 7 0

Addiere nun zum Ergebnis der Multiplikation den Rest:

__________ + 65 = __________

**5** Kontrolliere im Heft 23420 : 7 = 3348 R 6 durch eine Multiplikationsaufgabe. Vergiss nicht das Addieren des Restes!

**6** Kontrolliere im Heft 106860 : 8 = 13357 R 4 durch eine Multiplikationsaufgabe. Vergiss nicht das Addieren des Restes!

**7** Rechne die Divisionsaufgabe, und kontrolliere sie durch eine Multiplikation.

6 7 2 5 8 : 3 0 =

**8** Rechne die Divisionsaufgabe, und kontrolliere sie durch eine Multiplikation.

7 5 2 9 1 : 1 2 =

| Begriffe und Erklärungen | Beispiele |
|---|---|
| **Schriftliches Addieren**<br>Beim schriftlichen Addieren schreibst du die Zahlen stellengerecht untereinander. So vermeidest du Fehler. Dann addierst du die Einer, dann die Zehner usw. Kommt es zur Zehnerüberschreitung, darfst du den Übertrag nicht vergessen. | 325 + 1 750 + 79 = ______<br>Stellengerechtes Hinschreiben:<br>   32**5**<br>+ 1 75**0**<br>+    7**9**<br>(Überträge: 1 1 1)<br>2 15④<br>Einer, Zehner usw. addieren:<br>**9 + 0 + 5 = 1④**<br>Übertrag (1), hinschreiben (④) |
| **Schriftliches Subtrahieren**<br>Achte auf stellengerechtes Hinschreiben. Du kannst durch Ergänzen oder durch Abziehen rechnen.<br><br>Ergänzungsverfahren | 2 435 – 948 = ______<br><br>Stellengerechtes Hinschreiben:<br>  2 43[5]<br>–   94**8**<br>(Überträge: 1 1 1)<br>1 48⑦<br>Frage dich: „Wie viele fehlen von 8 auf 15?“ Die ergänzte zweite Zahl betonst du und schreibst sie hin. Vergiss nicht den Übertrag!<br>**8 + ⑦ = 1[5]**<br>hinschreiben (⑦), Übertrag (1) |
| Abziehverfahren | Stellengerechtes Hinschreiben:<br>(1 3 2)<br>~~2~~ ~~4~~ ~~3~~**5**<br>–   94**8**<br>1 48⑦<br>Rechne so:<br>5 minus 8 geht nicht;<br>eins herüber, bleibt **2**;<br>15 minus 8 gleich ⑦<br>3 durchstreichen, durch → **2** ersetzen, ⑦ hinschreiben usw. |

| Begriffe und Erklärungen | Beispiele |
|---|---|
| **Schriftliches Subtrahieren von zwei oder mehr als zwei Zahlen** | 6430 − 147 − 2514 = ______ |
| Ergänzungsverfahren<br><br>Vor dem Abziehen werden jeweils die abzuziehenden Zahlen addiert, erst dann wird ergänzt: | Stellengerechtes Hinschreiben<br>6430<br>− 147<br>− 2514<br>1 1 2<br>3769<br>**4 + 7 + ⑨ = 2 0**<br>hinschreiben Übertrag |
| Abziehverfahren<br><br>Die abzuziehenden Zahlen werden addiert, ihre Summe wird von der ersten Zahl abgezogen. | Beim Abziehverfahren musst du diese Aufgabe in zwei Schritten lösen:<br>147<br>+ 2514<br>1<br>2661<br><br>5 3 2<br>~~6~~ ~~4~~ ~~3~~ 0<br>− 2661<br>3769 |
| **Schriftliches Multiplizieren**<br>Auch hier hilft dir stellengerechtes Schreiben. Vergiss auch bei der Multiplikation am Schluss die Überträge nicht. | Beginne mit der höchsten Stelle:<br>1752 · **3**5<br>5256<br>8760<br>1 1 1<br>61320 |
| **Schriftliches Dividieren** | **17**28 : **9** = ①92<br>9<br>82<br>81<br>18<br>18<br>0<br><br>Rechne so:<br>**17** : **9** → **1** hinschreiben<br>1 · **9** = ⑨ Multiplikationskontrolle machen<br>17 − 9 = 8<br>2 herunterholen und<br>82 : 9 rechnen usw. |

## Extra: online üben

### Mach dich fit für den Test!

Du willst noch mehr üben? Kein Problem! Auf www.klett.de/lerndrachen-training findest du viele weitere Übungen zu diesem Kapitel. Wie du dich registrierst und die Übungen freischaltest, liest du auf Seite 2. Viel Erfolg!

**1** Addiere schriftlich.

| | | | | | | | | |
|---|---|---|---|---|---|---|---|---|
| 2 4 6 | → | | → | | → | | → | |
| + 4 6 8 | | + 4 6 8 | | + 4 6 8 | | + 4 6 8 | | + 4 6 8 |
| | | | | | | | | |

5 P

**2** Schreibe im Heft stellengerecht untereinander, und addiere schriftlich.

a) 407 + 21 + 8975 b) 70083 + 4098 + 19
c) 99 + 81 + 6075 d) 956 + 140 + 956140

4 P

**3** Subtrahiere im Heft immer vom Ergebnis 127, bis du 0 erhältst.

| | | |
|---|---|---|
| 8 8 9 | → | |
| − 1 2 7 | | − 1 2 7 |
| | | |

usw.

6 P

**4** Schreibe im Heft stellengerecht untereinander, und subtrahiere schriftlich.

a) 8341 − 2543 − 869 b) 6708 − 498 − 2516

4 P

**5** Rechne die folgenden Aufgaben im Heft. Notiere hier die Ergebnisse.

a) 4234 · 8 = ________ b) 4252 · 5 = ________

c) 4202 · 4 = ________ d) 4008 · 9 = ________

e) 1346 · 43 = ________ f) 145 · 321 = ________

6 P

**6** Überschlage zuerst. Rechne dann schriftlich im Heft. Notiere hier deine Ergebnisse.

a) 3285 : 9 = ________ Überschlag: ________ : 9 = ________

b) 2456 : 4 = ________ Überschlag: ________ : 4 = ________

4 P

**7** Rechne schriftlich im Heft. Mache anschließend die Probe.

a) 6150 : 6 = ________ Probe: ________ · 6 = ________

b) 5406 : 6 = ________ Probe: ________ · 6 = ________

4 P

**8** Achte auf Reste!

a) 7553 : 5 =

b) 9241 : 8 =

4 P

**9** Zum Schluss sollst du noch durch zweistellige Zahlen dividieren.

a) 10752 : 12 =

b) 11130 : 70 =

4 P

In diesem Test habe ich ________ Punkte von insgesamt 41 Punkten erreicht.

Geld ist eine wichtige Größe. Das ist dir sicher längst klar. Im Umgang mit Geld solltest du sicher sein. Deshalb findest du auf den folgenden Seiten Übungen zum Umwechseln, Rechnen und der Kommaschreibweise.

## Unsere Münzen und Scheine

**1** Es gibt bei uns Münzen, die 1 ct, 2 ct, 5 ct, 10 ct, 20 ct und 50 ct wert sind. Wie viele Cent besitzen Martin, Lena und Simon?

| | 50 ct | 20 ct | 10 ct | 5 ct | 2 ct | 1 ct | |
|---|---|---|---|---|---|---|---|
| Lukas | 4 | 0 | 2 | 3 | 0 | 1 | 4 · 50 ct + 0 · 20 ct + 2 · 10 ct + 3 · 5 ct + 0 · 2 ct + 1 · 1 ct = 200 ct + 20 ct + 15 ct + 1 ct = 236 ct |
| Martin | 5 | 2 | 2 | 1 | 4 | 3 | |
| Lena | 1 | 3 | 6 | 5 | 8 | 1 | |
| Simon | 4 | 5 | 2 | 0 | 1 | 7 | |

**2** Du sollst die folgenden Geldbeträge jeweils mit möglichst wenigen Münzen bezahlen. Fülle die Tabelle aus.

| | 50 ct | 20 ct | 10 ct | 5 ct | 2 ct | 1 ct |
|---|---|---|---|---|---|---|
| 36 ct | | | | | | |
| 87 ct | | | | | | |
| 79 ct | | | | | | |
| 118 ct | | | | | | |

100 Cent kann man in 1 Euro umwechseln: **100 ct = 1 €**

**3** Wechsle in die anderen Einheiten um.

a)

| 1 € | 10 ct | 1 ct |
|---|---|---|
| 8 | 80 | 800 |
| 17 | | |
| 25 | | |
| 31 | | |

b)

| 1 ct | 10 ct | 1 € |
|---|---|---|
| 1 200 | 120 | 12 |
| 2 800 | | |
| 600 | | |
| 14 500 | | |

**4** Welche Beträge besitzen diese Schüler?

| | 500 € | 100 € | 50 € | 20 € | 10 € | 5 € | Betrag |
|---|---|---|---|---|---|---|---|
| Lena | 2 | 0 | 3 | 1 | 4 | 2 | |
| Maya | 8 | 2 | 1 | 0 | 3 | 1 | |
| Lukas | 3 | 8 | 0 | 1 | 4 | 6 | |

**5** Wie kannst du diese Beträge mit lauter gleichen Geldscheinen bezahlen?

| | | Geldscheine | | | | | |
|---|---|---|---|---|---|---|---|
| Beträge | | 500 € | 100 € | 50 € | 20 € | 10 € | 5 € |
| | 1 000 € | 2 · 500 € | | | | | |
| | 4 000 € | | | | | | |
| | 500 € | | | | | | |
| | 1 500 € | | | | | | |

Für Könner!

**6** a) Ein Ladenbesitzer nimmt an einem Tag folgende Beträge ein: 800 €, 500 €, 200 €, 150 €. Wie viel hat er insgesamt eingenommen?

b) Er kauft Waren im Wert von 150 €, 300 €, 400 €, 1 000 €. Wie viel Euro gibt er aus?

c) In der Kasse befinden sich morgens 4 000 €. Wie viel Geld enthält sie abends?

Für Könner!

**7** a) Auf ein Sparbuch werden nacheinander eingezahlt: 380 €, 120 €, 500 €, 1 200 €. Wie viel Euro sind das insgesamt?

b) Das Sparbuch hatte vorher ein Guthaben von 2 500 €. Wie groß ist es?

c) Folgende Beträge werden abgehoben: 270 €, 500 €, 130 €, 800 €. Welches Guthaben bleibt übrig?

## So schreibst du Geldwerte mit Komma

**1** Fülle die Tabelle aus.

| 1 € | 10 ct | 1 ct | mit Komma |
|---|---|---|---|
| 3 | 4 | 5 | 3,45 € |
| 1 | 3 | 7 | |
| 0 | 2 | 1 | |
| 5 | 0 | 3 | |
| 7 | 4 | 0 | |

Für 3 € 45 ct schreibt man: 3,45 €

**2** Schreibe diese Geldwerte mit Komma.

a) 2 € 5 ct = 2,05 €
8 € 15 ct = ______

b) 85 ct = 0,85 €
76 ct = ______

c) 12 € 3 ct = ______
28 ct = ______

**3** Wandle in Cent zurück.

a) 1,45 € = 145 ct
9,36 € = ______

b) 3,07 € = ______
0,05 € = ______

c) 0,01 € = ______
0,10 € = ______

**4** Wechsle in Euro und Cent ein, und schreibe mit Komma.

a) 802 ct = 8 € 2 ct = 8,02 €
617 ct = 6 € 17 ct = ______
1 230 ct = ______ = ______

b) 17 ct = 0 € 17 ct = 0,17 €
85 ct = ______ = ______
5 ct = ______ = ______

**5** Ordne diese Preise der Größe nach. Beginne mit dem teuersten.

37 ct 4,73 € 39 ct 1,73 € 14,73 € 0,73 € 4,37 € 439 ct

☐ ☐ ☐ ☐ ☐ ☐ ☐ ☐

**6** Setze < oder = oder > ein.

a) 3,25 € [>] 320 ct
118 ct ☐ 1,18 €

b) 0,35 € ☐ 0,53 €
417 ct ☐ 3,17 €

c) 21,85 € ☐ 20,85 €
51 ct ☐ 0,51 €

## Rechnen mit Geldwerten ist wichtig

Beim Rechnen mit Kommazahlen musst du aufpassen.

**1** Diese Aufgaben kannst du noch im Kopf rechnen.

a) 3,15 € + 2,25 € = ____________
4,30 € + 1,70 € = ____________

b) 11,30 € – 4,20 € = ____________
9,70 € – 0,75 € = ____________

c) 3,20 € · 3 = ____________
1,80 € · 4 = ____________

d) 12,60 € : 3 = ____________
26,00 € : 4 = ____________

Beim **schriftlichen Rechnen mit Kommazahlen** gehst du am besten so vor:

1. Kommazahlen in Zahlen ohne Komma umwandeln.
2. Rechnung ausführen.
3. Ergebnis wieder als Kommazahl schreiben.

**Beispiele**

Löse diese Aufgaben:

12,25 € + 0,79 € + 8,34 € = ________

Rechne so:

| | | | | | |
|---|---|---|---|---|---|
| | 1 | 2 | 2 | 5 | ct |
| + | | | 7 | 9 | ct |
| + | | 8 | 3 | 4 | ct |
| | 2 | 1 | 3 | 8 | ct |
| = | **2** | **1,** | **3** | **8** | **€** |

3,45 ct · 12 = ________

Rechne so:

| | | | | | | | |
|---|---|---|---|---|---|---|---|
| 3 | 4 | 5 | ct | · | 1 | 2 | |
| | | | 3 | 4 | 5 | | |
| | | | | 6 | 9 | 0 | |
| | | | 4 | 1 | 4 | 0 | ct |
| | | = | **4** | **1,** | **4** | **0** | **€** |

**2** Löse im Heft.

a) 14,27 € + 19,35 € + 0,84 €
0,45 € + 11,27 € + 145,25 €

b) 8531,27 € – 653,34 €
1195,30 € – 867,45 €

c) 12,48 € · 37
0,97 € · 45

d) 213,84 € : 8
561,60 € : 6

Addieren und subtrahieren kannst du aber auch mit Kommazahlen. Schreibe dazu die Geldwerte so, dass **Komma unter Komma** steht.

**Beispiele**

Löse diese Aufgaben:

12,25 € + 0,79 € + 8,34 € = ______

Rechne so:

| | | | | | |
|---|---|---|---|---|---|
| | 1 | 2, | 2 | 5 | € |
| + | | 0, | 7 | 9 | € |
| + | | 8, | 3 | 4 | € |
| | 2 | 1, | 3 | 8 | € |

17,35 € – 8,81 € = ______

Rechne so:

| | | | | | |
|---|---|---|---|---|---|
| | 1 | 7, | 3 | 5 | € |
| – | | 8, | 8 | 1 | € |
| | | 8, | 5 | 4 | € |

**3** Rechne ebenso im Heft.

a) 24,56 € + 19,08 € + 5,66 €
425,10 € + 86,45 € + 0,75 €

b) 132,75 € – 81,54 €
374,38 € – 147,16 € – 8,35 €

**4** Die Mutter will 1 kg Bauchfleisch, 1 kg Schinken und 1 kg Leberwurst kaufen.

a) Was hätte sie vor dem Sonderangebot bezahlen müssen?

b) Wie viel bezahlt sie für das Sonderangebot?

c) Wie viel Geld hat sie gespart?

Sonderangebot

| | | |
|---|---|---|
| 1 kg Bauchfleisch | 4,15 € | 3,75 € |
| 1 kg Schinken | 21,50 € | 18,90 € |
| 1 kg Leberwurst | 9,75 € | 7,80 € |

**5** Mutter vergleicht die Preise in zwei Supermärkten.

a) Wie viel müsste sie für die Sachen im ersten Supermarkt bezahlen?

b) Wie viel müsste sie für die Sachen im zweiten Supermarkt bezahlen?

c) Wie viel Geld kann sie sparen?

| | 1. Supermarkt | 2. Supermarkt |
|---|---|---|
| 1 kg Mehl | 0,86 | 0,89 |
| 1 kg Zucker | 1,19 | 1,05 |
| 250 g Butter | 2,18 | 2,07 |

### Umwechseln

Merke dir, wie du wechseln musst:

**1 € = 100 ct**
5 € = 500 ct  700 ct = 7 €

### Kommaschreibweise von Geldwerten

So wandelst du in Kommazahlen um:

3 € 25 ct = 3,25 €
25 ct = 0,25 €
5 ct = 0,05 €

So schreibst du ohne Komma:

1,75 € = 175 ct
0,75 € = 75 ct
0,05 € = 5 ct

### Rechnen mit Geldwerten

Du kannst das Rechnen mit Kommazahlen vermeiden, indem du die Kommazahlen **in Größen ohne Komma verwandelst** und das Ergebnis wieder als Kommazahl schreibst.

Aufgabe: 3,45 € · 12 = ______

Rechne so:

345 ct · 12
345
 690
4140 ct =
**41,40 €**

### Addieren und Subtrahieren von Kommazahlen

Notiere die Geldwerte so, dass **Komma unter Komma** steht.

Aufgabe:
12,25 € + 0,79 € + 8,34 € = ______

Rechne so:

  12,25 €
+ 0,79 €
+ 8,34 €
  21,38 €

**Extra: online üben**

## Mach dich fit für den Test!

Du willst noch mehr üben? Kein Problem! Auf www.klett.de/lerndrachen-training findest du viele weitere Übungen zu diesem Kapitel. Wie du dich registrierst und die Übungen freischaltest, liest du auf Seite 2. Viel Erfolg!

**1** Schreibe mit Komma.

a) 3 € 4 ct = ________ €

93 ct = ________ €

8 € 60 ct = ________ €

b) 3025 ct = ________ €

4 ct = ________ €

16 € 2 ct = ________ €

6 P

**2** Wandle in Cent um.

a) 1,25 € = ________ ct

6,04 € = ________ ct

10,30 € = ________ ct

b) 0,50 € = ________ ct

133,07 € = ________ ct

0,02 € = ________ ct

6 P

**3** Rechne schriftlich im Heft, und schreibe hier die Ergebnisse auf.

a) 285,17 € + 41,93 € + 2,04 € = ____________

b) 1 795,13 € – 622,09 € – 15,80 € = ____________

c) 387,14 € · 28 = ____________

d) 276,80 € : 8 = ____________

4 P

**4** Frau Koch kauft beim Bäcker 6 Brötchen zu je 25 ct, 4 Stück Kuchen zu je 1,25 € und ein Brot für 2,75 €.

a) Wie viel muss sie bezahlen?

b) Sie hat 50 € dabei. Wie viel bekommt sie zurück?

4 P

**5** Auf dem Schulfest werden Würstchen zu je 1,40 € und belegte Brötchen zu je 0,60 € verkauft.

Der erste Kunde muss 3,40 € bezahlen,
der zweite 2,60 €,
der dritte 2,80 € und
der vierte 1,80 €.

a) Was hat jeder Kunde jeweils gekauft?

b) Wie viel hat der Stand nach den ersten vier Kunden eingenommen?

c) Nach einer Stunde sind 17 Brötchen und 22 Würstchen verkauft. Wie viel Euro hat der Stand nun schon eingenommen?

d) Am Ende des Tages sind insgesamt 166,80 € in der Kasse. Das Geld soll auf die 8 Klassen der Schule gleichmäßig aufgeteilt werden. Wie viel Euro erhält jede Klasse?

9 P

**6** Sortiere die Geldbeträge nach der Größe. Beginne mit dem kleinsten.

77 ct | 21 € | 20 € 1 ct | 7,70 € | 0,70 € | 211 ct

| | | | | | |
|---|---|---|---|---|---|
| | | | | | |

6 P

In diesem Test habe ich ______ Punkte von insgesamt 35 Punkten erreicht.

Die Unterteilung der Längenmaße ist im Laufe der Zeit immer den Bedürfnissen der Benutzer angepasst worden. Handwerker, aber auch Bastler arbeiten mit mm, cm, dm. Größere Längen misst man dagegen mit m und km. In diesem Kapitel kannst du wiederholen, wie die Längenmaße umgerechnet werden, welche Bedeutung die Kommaschreibweise hat und wie man mit Längen rechnet.

Viele Längen misst man in m und cm. Merke dir, wie du umwandeln musst:

**1 m = 100 cm**

## So schreibst du Längen mit Komma

**1** Ein Zimmer ist 4 m 25 cm lang. Du kannst solche Längen auf verschiedene Weise schreiben. Fülle die Tabelle aus.

| | m | cm | Kommazahl |
|---|---|---|---|
| 4 m 25 cm | 4 | 25 | 4,25 m |
| 3 m 78 cm | | | |
| 35 cm | | | |
| 12 m 5 cm | | | |
| 8 cm | | | |

**2** Wandle in cm um.

a) 3,17 m = 317 cm
0,05 m = 5 cm
4,12 m = _______ cm
8,17 m = _______ cm

b) 32,01 m = _______ cm
0,80 m = _______ cm
1,55 m = _______ cm
0,01 m = _______ cm

c) 35,80 m = _______ cm
46 m = _______ cm
46 m = _______ cm
3,04 m = _______ cm
12 m = _______ cm

Für Könner!

**3** Schreibe als Kommazahl.

a) 17 cm = 0,17 m
820 cm = _______ m
4 cm = _______ m
3215 cm = _______ m

b) 500 cm = _______ m
335 cm = _______ m
12 cm = _______ m
2 cm = _______ m

c) 8140 cm = _______ m
9000 cm = _______ m
425 cm = _______ m
25 cm = _______ m

**4** Fülle die Tabelle aus.

| | m | cm | | |
|---|---|---|---|---|
| | | dm | cm | Kommazahl |
| 4 m 25 cm | 4 | 2 | 5 | 4,25 m |
| 3 m 12 cm | | | | |
| 48 cm | | | | |
| 7 cm | | | | |
| 25 m 40 cm | | | | |

Die Längeneinheit m kannst du auch in dm und cm unterteilen. Dezimeter verwendet man nur noch selten.

**1 m = 10 dm = 100 cm**
**1 dm = 10 cm**

**5** Wandle in die angegebenen Längeneinheiten um.

a) in dm

7 m = 70 dm
18 m = ____ dm
9 m = ____ dm
3 m = ____ dm

b) in cm

28 dm = 280 cm
19 dm = ____ cm
5 dm = ____ cm
20 dm = ____ cm

c) in m

40 dm = 4 m
80 dm = ____ m
120 dm = ____ m
250 dm = ____ m

Für genauere Messungen hat man die Längeneinheit cm in mm unterteilt.

**1 cm = 10 mm**

**6** Auch bei Längen verwendet man Kommazahlen.
Für 3 cm 4 mm schreibt man 3,4 cm.

a) Schreibe als Kommazahl.

4 cm 5 mm = ________
8 cm 2 mm = ________
19 cm 1 mm = ________
5 mm = ________

b) Wandle in mm um.

3,8 cm = 38 mm
12,9 cm = ________
0,7 cm = ________
15,6 cm = ________

Große Strecken misst man in km.

**1 km = 1 000 m**

**7** Fülle die Tabelle aus.

| | km | m | Kommazahl |
|---|---|---|---|
| 4 km 250 m | 4 | 250 | 4,250 km |
| 3 km 168 m | | | |
| 525 m | | | |
| 17 km 800 m | | | |
| 5 km 60 m | | | |

**8** Schreibe in m.

a) 2,750 km = 2 750 m
8,125 km = ______ m
0,950 km = ______ m
0,050 km = ______ m

b) 12,125 km = ______ m
28 km = ______ m
0,840 km = ______ m
7 km = ______ m

c) 0,005 km = ______ m
0,080 km = ______ m
0,700 km = ______ m
3 km = ______ m

**9** Schreibe in km.

a) 1 450 m = 1,450 km
7 200 m = ______ km
8 000 m = ______ km
500 m = ______ km

b) 16 250 m = ______ km
23 500 m = ______ km
9 300 m = ______ km
800 m = ______ km

c) 24 000 m = ______ km
7 500 m = ______ km
100 m = ______ km
6 100 m = ______ km

## Aufpassen beim Rechnen mit Längen

**1** Wer ist von den fünf Freunden der größte?
Leon ist 1,45 m, Jannis 141 cm, Frederik 1,65 m,
Justus 1,56 m und Marcel 147 cm. Vergleiche!
Schreibe so:

| 1,65 m | $>$ | ☐ | $>$ | ☐ | $>$ | ☐ | $>$ | ☐ |
|---|---|---|---|---|---|---|---|---|

**2** Vergleiche, und setze die Zeichen $<$, $=$, $>$.

| | | | | | | | | | | | |
|---|---|---|---|---|---|---|---|---|---|---|---|
| a) | 2,50 m | = | 250 cm | b) | 6 500 m | ☐ | 0,650 km | c) | 0,37 m | ☐ | 28 cm |
| | 4,3 cm | ☐ | 35 mm | | 0,43 m | ☐ | 46 cm | | 148 cm | ☐ | 1,49 m |
| | 8,40 m | ☐ | 840 cm | | 1,800 km | ☐ | 1 800 m | | 6,50 m | ☐ | 65 cm |

**Beispiele**

**Längeneinheiten vereinheitlichen**

Löse diese Aufgaben schriftlich: 8,15 m + 0,78 m + 124 cm = ________

Rechne so:

```
    815 cm
     78 cm
+   124 cm
----------
  1 017 cm = 10,17 m
```

Wandle alle Angaben in cm um, wenn du ohne Kommaschreibweise auskommen willst.

Für Könner!

**3** Rechne ebenso.

a) 4,25 m + 148 cm + 46 cm
7,125 km + 876 m + 0,521 km

b) 5,405 km − 3420 m
4,84 m − 359 cm

**Beispiele**

**Ohne Komma rechnen**

Löse diese Aufgabe schriftlich: 4,28 m · 12 = ________

Rechne so:

```
428 cm · 12
-----------
      428
       856
-----------
     5 136 cm = 51,36 m
```

Wandle die Kommazahlen in Zahlen ohne Komma um. Rechne mit ihnen, und schreibe das Ergebnis als Kommazahl.

**4** Rechne ebenso.

a) 3,120 km · 15    36,80 m · 23    0,842 km · 17

b) 7,254 km : 9    39,15 m : 5    19,404 km : 12

## Textaufgaben mit Längen rechnen

**1** Herr Huber ist Vertreter. Er ist viel mit dem Auto unterwegs.

a) Wie viele km hat er täglich zurückgelegt?

b) Wie viele km ist er in dieser 5-Tage-Woche gefahren?

| Kilometerstände | | |
|---|---|---|
| morgens | abends | km täglich |
| 12533 | 12847 | |
| 12847 | 13120 | |
| 13120 | 13876 | |
| 13876 | 14231 | |
| 14231 | 15105 | |

**2** Herr Huber wohnt in A.

a) Er muss am Montag die Orte B und C besuchen. Er wählt natürlich den kürzesten Weg. Sieh dir die Entfernungen in der Zeichnung an. Überlege dir, wie er fahren muss. Bedenke, dass er abends wieder nach A zurückmuss. Erhältst du auch für die Gesamtstrecke 288 km?

b) Am Dienstag will er C und E aufsuchen. Berechne genauso wie in a) die Gesamtstrecke.

c) Am Mittwoch sind die Orte B und D an der Reihe.

d) Für den Donnerstag ist der Besuch von C, E und D vorgesehen.

e) Wie viel km ist Herr Huber an den 4 Tagen insgesamt gefahren?

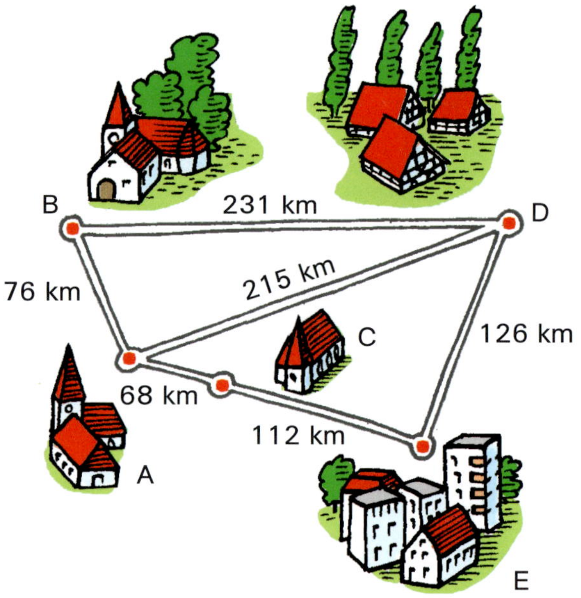


**3** Jürgen macht eine Radtour. Er ist 6 Tage unterwegs. Dabei legt er folgende Entfernungen zurück: 45,4 km (Beachte: Da man überflüssige Nullen gern weglässt, schreibt man für 45,400 km kürzer 45,4 km); 36,7 km; 68 km; 59,1 km; 40 km und 35,5 km.

a) Wie lang ist die Gesamtstrecke?

b) Eigentlich wollte er 300 km fahren. Welche Strecke fehlt ihm noch?

Für Könner!

**4** a) Wie lang muss die Leiste für diesen Bilderrahmen sein?

b) Es sollen 12 solche Bilderrahmen hergestellt werden. Wie viel m Leiste benötigt man?

**5** Die Laufbahn um einen Sportplatz ist insgesamt 425 m lang.

a) Kim ist 15 Runden gelaufen. Welche Strecke ist das?

b) Maike hat 18 Runden geschafft. Berechne die Strecke.

c) Eigentlich wollten sie 10 km laufen. Welche Strecken fehlen ihnen jeweils noch?

Für die Hälfte eines Meters schreibt man $\frac{1}{2}$ m (ein halber Meter). Der vierte Teil eines Meters ist $\frac{1}{4}$ m (ein viertel Meter) und für drei solcher Teile schreibt man $\frac{3}{4}$ m (drei viertel Meter).

**6** Rechne um.

| a) | b) | c) |
|---|---|---|
| $\frac{1}{2}$ m = 50 cm | $\frac{1}{2}$ km = ______ m | $\frac{1}{2}$ cm = ______ mm |
| $\frac{1}{4}$ m = ______ cm | $\frac{1}{4}$ km = ______ m | $\frac{1}{4}$ cm = ______ mm |
| $\frac{3}{4}$ m = ______ cm | $\frac{3}{4}$ km = ______ m | $\frac{3}{4}$ cm = ______ mm |

**7** a) $1\frac{1}{2}$ km = 1 km + $\frac{1}{2}$ km = 1 500 m

$2\frac{1}{4}$ km = ______________________________

$3\frac{3}{4}$ km = ______________________________

b) $1\frac{1}{2}$ m = ______ cm

$2\frac{1}{4}$ m = ______ cm

$3\frac{3}{4}$ m = ______ cm

**8** Schreibe als Bruchteil.

a) 25 cm = $\frac{1}{4}$ m

50 cm = ______ m

75 cm = ______ m

b) 500 m = ______ km

250 m = ______ km

750 m = ______ km

c) 1,25 m = 1 m 25 cm = ______ m

1,50 m = __ m ____ cm = ______ m

1,75 m = __ m ____ cm = ______ m

## Keine Probleme mit dem Maßstab!

Dieses Spielzeugauto ist 10-fach verkleinert gezeichnet. Es ist im Maßstab 1 : 10 abgebildet.

Der Maßstab **1 : 10** bedeutet:
**1 cm** in der **Zeichnung** sind **10 cm** in der **Wirklichkeit**. In der Wirklichkeit sind die Längen also 10-mal so groß wie in der Abbildung.

**1** a) Miss Höhe und Länge des Autos im Bild. Wie lang sind diese Strecken in Wirklichkeit?

b) Ein Lkw ist in der Abbildung 8 cm lang und 4,7 cm hoch. Wie lang sind diese Strecken in Wirklichkeit?

Die Zeichnung zeigt den Grundriss eines Zimmers 100-fach verkleinert. Er ist also im Maßstab 1 : 100 gezeichnet.

Der Maßstab **1 : 100** bedeutet:
**1 cm** in der **Zeichnung** sind 100 cm in der **Wirklichkeit**. In der Wirklichkeit sind die Längen also 100-mal so groß wie in der Zeichnung.

**2** a) Schau dir Länge und Breite des Zimmers im Grundriss an. Wie lang sind diese Strecken in Wirklichkeit?

b) Wie breit sind die Tür und das Fenster in Wirklichkeit?

c) Von einem anderen Zimmer beträgt die Länge 6 cm und die Breite 5 cm. Wie lang sind die Strecken in Wirklichkeit?

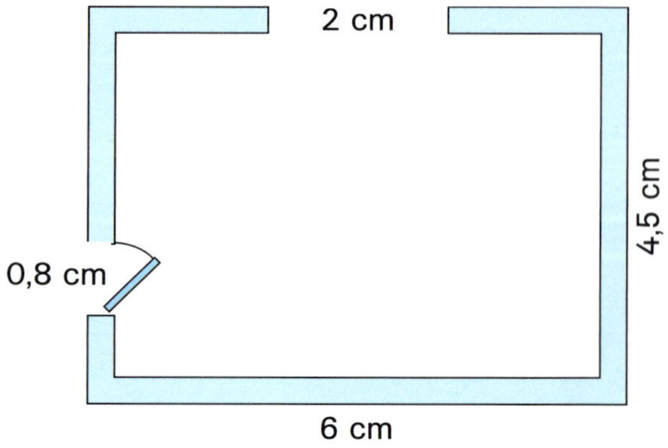

Beim Rechnen mit Maßstäben musst du das Multiplizieren mit und das Dividieren durch 10, 100 und 1000 sehr gut können.

**Beispiele**

**Multiplizieren:**

45 cm · **100** = 4**500** cm = 45 m
12 m · 1**000** = 12**000** m = 12 km

**Dividieren:**

61 km : 1**000** = 61~~000~~ m : 1~~000~~ = 61 m
25 m : **100** = 25~~00~~ cm : 1~~00~~ = 25 cm
33 cm : **10** = 33~~0~~ mm : 1~~0~~ = 33 mm

**3** Rechne diese Aufgaben.

a) 81 cm · 100 = ______ 4 cm · 1 000 = ______
43 m · 1 000 = ______ 19 m · 1 000 = ______
48 cm · 1 000 = ______ 8 mm · 10 = ______

b) 36 km : 1 000 = ______ 8 km : 100 = ______
7 km : 100 = ______ 90 m : 1 000 = ______
41 cm : 10 = ______ 7 cm : 10 = ______

Beim Rechnen mit Kommazahlen musst du besonders aufpassen. Schau dir die Beispiele an.

**Beispiele**

**Multiplizieren:**

3,7 cm · **100** = 37 mm · **100** = 37**00** mm = 370 cm = 3,70 m
0,8 m · 1**000** = 80 cm · 1**000** = 80**000** cm = 800 m = 0,8 km

Beachte: Überflüssige Nullen lässt man häufig weg!

**Dividieren:**

5 m : **10** = 50~~0~~ cm : 1~~0~~ = **50** cm = 0,5 m
6,5 m **: 100** = 650 cm **: 100** = 65~~00~~ mm : 1~~00~~ = 65 mm = 6,5 cm

↑ ↑

Da du hier noch nicht teilen kannst, musst du weiter umwandeln!

**4** Löse im Heft wie oben im Beispiel.

4,9 cm · 100 3,6 m · 1 000
0,7 cm · 100 3,2 cm · 10

**5** Rechne die Aufgaben.

3 m : 10 = ____

1,5 km : 1 000 = ____

3,5 m : 100 = ____

0,8 km : 1 000 = ____

**6** Löse diese Aufgaben in deinem Heft.

a) 8 cm · 100
35 m · 1 000
5 cm · 1 000
12 mm · 10

b) 4 km : 1 000
15 m : 100
28 cm : 10
70 m : 100

c) 3,5 cm · 100
0,7 km · 10
8,2 m · 100
0,3 m · 1 000

**7** Fülle die Tabelle für den Maßstab 1 : 100 aus.

| **Länge im Grundriss** | 4,5 cm | 3,8 cm | 0,7 cm |
|---|---|---|---|
| **Länge in Wirklichkeit** | 4,5 cm · 100 = 4,50 m | | |

**8** Fülle die Tabelle für den Maßstab 1 : 10 aus.

| **Länge in der Abbildung** | 3,2 cm | 12 cm | 0,8 cm |
|---|---|---|---|
| **Länge in Wirklichkeit** | 3,2 cm · 10 = 32 cm | | |

**9** Ein Zimmer ist 8 m lang und 5 m breit. Von ihm soll ein Grundriss im Maßstab 1 : 100 gezeichnet werden.
Überlege so: Jede Seite des Zimmers muss auf das 100-Fache verkleinert werden. Das ergibt die Rechnungen 8 m : 100 und 5 m : 100.

a) Zeichne in dein Heft den Grundriss des Zimmers.

b) Wie lang müsste man die Seiten des Zimmers im Maßstab 1 : 10 zeichnen? Bedenke, jetzt muss auf das 10-Fache verkleinert, also durch 10 geteilt werden.

**10** Fülle die Tabelle für den Maßstab 1 : 100 aus.

| Länge in Wirklichkeit | 12 m | 15,5 m | 31,2 m |
|---|---|---|---|
| Länge im Grundriss | 12 m : 100 = 12 cm | | |

**11** Fülle jetzt die Tabelle für den Maßstab 1 : 10 aus.

| Länge in Wirklichkeit | 35 cm | 12 cm | 9 cm |
|---|---|---|---|
| Länge in der Abbildung | 35 cm : 10 = 3,5 cm | | |

Für Könner!

**12** Findest du heraus, welche Maßstäbe hier verwendet wurden?

a) Bilderrahmen

50 cm

Welcher Maßstab wurde also verwendet? Überprüfe ihn, indem du ebenso die Breite des Bilderrahmens untersuchst.

b) Radiergummi

2 cm

6 cm

Welcher Maßstab wurde hier verwendet?

c) Bleistift

20 cm

Gib den Maßstab an.

| Thema und Erklärungen | Beispiele |
|---|---|
| **Längeneinheiten**<br>Merke dir, wie sich die Einheiten entsprechen. | 1 km = 1 000 m<br>1 m = 10 dm = 100 cm<br>1 dm = 10 cm<br>1 cm = 10 mm |
| **Umrechnen von Längeneinheiten**<br>So musst du rechnen: | |
| km in m → · 1 000<br>m in km → : 1 000 | 7 km = 7 000 m<br>9 000 m = 9 km |
| m in cm → · 100<br>cm in m → : 100 | 5 m = 500 cm<br>800 cm = 8 m |
| dm in cm → · 10<br>cm in dm → : 10 | 3 dm = 30 cm<br>40 cm = 4 dm |
| cm in mm → · 10<br>mm in cm → : 10 | 2 cm = 20 mm<br>70 mm = 7 cm |

**Kommaschreibweise**
So schreibst du mit und ohne Komma:

| ohne Komma | km | m | mit Komma |
|---|---|---|---|
| 3 km 400 m | 3 | 400 | 3,400 **km** |
| 400 m | | 400 | 0,400 **km** |
| 4 m | | 4 | 0,004 **km** |

| ohne Komma | m | cm | | mit Komma |
|---|---|---|---|---|
| | | dm | cm | |
| 7 m 25 cm | 7 | 2 | 5 | 7,25 **m** |
| 25 cm | | 2 | 5 | 0,25 **m** |
| 5 cm | | | 5 | 0,05 **m** |

| Thema und Erklärungen | Beispiele |
|---|---|
| **Multiplizieren und Dividieren**<br>Du kannst das Rechnen mit Kommazahlen vermeiden, indem du die Kommazahlen in Längen ohne Komma umwandelst und das Ergebnis wieder als Kommazahl schreibst. | 0,875 km · 5 = ______<br>875 m · 5<br>4375 m = 4,357 km<br>Überprüfe durch die Probe:<br>4375 m : 5 = 875 m = 0,875 km |
| **Addieren und Subtrahieren von Kommazahlen**<br>Schreibe die Zahlen Komma unter Komma, und rechne wie bisher. | Aufgabe: 17,51 m – 2,48 m = ______<br>Rechne so: 17,51 m<br>– 2,48 m<br>15,03 m |
| **Maßstab**<br>Beim Rechnen mit Maßstäben merke dir, wie du die Schreibweise verstehen musst. Der Doppelpunkt zwischen den Zahlen heißt „entsprechen". Die Ziffer links des Doppelpunktes bezieht sich auf die Zeichnung, die Ziffer rechts auf die Wirklichkeit. | Der Maßstab **1 : 10** bedeutet:<br>**1 cm** in der **Zeichnung** entsprechen **10 cm** in der **Wirklichkeit**. In der Wirklichkeit sind die Strecken also **10-mal so groß** wie in der Abbildung.<br>6 cm Zeichnung → 6 cm · 10 = 60 cm in der Wirklichkeit<br>**1 : 100** bedeutet:<br>**1 cm** in der **Zeichnung** entsprechen **100 cm** in der **Wirklichkeit**. In der Wirklichkeit sind also die Längen **100-mal so groß** wie in der Abbildung.<br>5 cm Zeichnung → 5 cm · 100 = 500 cm in der Wirklichkeit |

**Extra: online üben**

## Mach dich fit für den Test!

Du willst noch mehr üben? Kein Problem! Auf www.klett.de/lerndrachen-training findest du viele weitere Übungen zu diesem Kapitel. Wie du dich registrierst und die Übungen freischaltest, liest du auf Seite 2. Viel Erfolg!

# Test: Längen

**1** Wandle um. Notiere hier die Ergebnisse.

a) 4,17 m = _____ cm
0,07 m = _____ cm
5,03 m = _____ cm

b) 4,7 cm = _____ mm
60,3 cm = _____ mm
0,2 cm = _____ mm

c) 48,788 km = _________ m
10,950 km = _________ m
0,083 km = _________ m

9 P

**2** Schreibe mit Komma.

a) 728 cm = _____ m
16 cm = _____ m
1 380 cm = _____ m

b) 47 mm = _____ cm
146 mm = _____ cm
5 mm = _____ cm

c) 2 178 m = _______ km
481 m = _______ km
87 024 m = _______ km

9 P

**3** Rechne schriftlich im Heft.
Beachte: Du musst manchmal die Längen erst in dieselbe Maßeinheit umwandeln.

a) 3,75 km + 812 m + 200 cm
b) 63,97 m – 23 cm – 527 mm
c) 389,57 km · 8
d) 56,16 m : 6

8 P

**4** Sortiere die Weglängen der Kinder der Größe nach, beginne mit der kleinsten.

Jans Schulweg ist 0,850 km lang. Lisa behauptet, ihr Weg sei 77 550 cm weit. Carmens Vater hat gemessen, dass seine Tochter mit einem Schritt 30 cm zurücklegt. Zur Schule braucht sie 2 500 Schritte. Thorsten macht 2 200 Schritte zu je 35 cm.

5 P

**5** Fülle die Tabellen für den Maßstab 1 : 100 aus.

a)

| Länge in der Abbildung | 3,7 cm | 10,8 cm | 0,4 cm |
|---|---|---|---|
| Länge in Wirklichkeit | | | |

b)

| Länge in Wirklichkeit | 28 m | 12,4 m | 8 m |
|---|---|---|---|
| Länge in der Abbildung | | | |

6 P

**6** Von den folgenden Tieren oder Gegenständen sollen verkleinerte Bilder in den freien Feldern abgebildet werden. Geht das immer?

a) Tiger: 2,60 m lang, 100 cm hoch; Maßstab 1 : 100.

b) Tinas Skateboard: 0,45 m lang, 13 cm hoch; Maßstab 1 : 10.

c) Baum vor Tinas Schule: 25 m hoch, 20 m breit; Maßstab 1 : 1 000.

6 P

In diesem Test habe ich ______ Punkte von insgesamt 43 Punkten erreicht.

Das Umgehen mit der Uhr beeinflusst auch schon dein Leben. So solltest du pünktlich zum Schulbeginn kommen oder deine Verabredungen einhalten. Es ist also wichtig, dass du mit Zeitspannen und Zeitpunkten umgehen kannst.

## Umrechnen von Sekunden, Minuten und Stunden

Zeitspannen werden in Sekunden (s), Minuten (min) und Stunden (h) gemessen.

**1 min** = **60 s**
**1 h** (Stunde) = **60 min**

**1** Wandle die Zeiten um.

a)

| Minuten | Sekunden |
|---|---|
| 3 min | 180 s |
| 5 min | |
| 10 min | |
| 8 min | |
| 12 min | |

b)

| Minuten | Sekunden |
|---|---|
| 1 min | |
| $\frac{1}{2}$ min | |
| $\frac{1}{4}$ min | |
| $\frac{3}{4}$ min | |
| $1\frac{1}{2}$ min | |

c)

| Sekunden | Minuten |
|---|---|
| 240 s | |
| 120 s | |
| 480 s | |
| 600 s | |
| 1 200 s | |

d) 100 s = 1 min 40 s
150 s = ___________
210 s = ___________
240 s = ___________
250 s = ___________

e) 2 min 10 s = 130 s
3 min 20 s = ___________
5 min 8 s = ___________
4 min 25 s = ___________
6 min 12 s = ___________

**2** Führe auch hier Umwandlungen durch.

a)

| Stunden | Minuten |
|---|---|
| 4 h | 240 min |
| 3 h | |
| 10 h | |
| 8 h | |
| 12 h | |

b)

| Stunden | Minuten |
|---|---|
| 1 h | |
| $\frac{1}{2}$ h | |
| $\frac{1}{4}$ h | |
| $\frac{3}{4}$ h | |
| $1\frac{1}{2}$ h | |

c)

| Minuten | Stunden |
|---|---|
| 180 min | 3 h |
| 240 min | |
| 480 min | |
| 600 min | |
| 1 200 min | |

**2** d) 80 min = 1 h 20 min
150 min = ____________
200 min = ____________
310 min = ____________
100 min = ____________

e) 2 h 30 min = 150 min
4 h 10 min = ____________
1 h 50 min = ____________
5 h 5 min = ____________
7 h 15 min = ____________

Auch mit Zeitspannen kannst du rechnen.
Dabei wandelst du zuerst alles in **eine einheitliche Zeitspanne** um. Die Beispiele erklären es dir.

**Beispiele**

Addieren: 45 s + 28 s = **73 s = 1 min 13 s**
Subtrahieren: 1 h 40 min – 55 min = **100 min – 55 min = 45 min**
Multiplizieren: 1 h 25 min · 3 = **85 min · 3 = 255 min = 4 h 15 min**
Dividieren: 2 min 20 s : 4 = **140 s : 4 = 35 s**

**3** Löse ebenso in deinem Heft.

a) 45 s + 50 s
56 s + 48 s
1 min 15 s + 50 s
2 min 20 s + 40 s
25 s + 1 min

b) 55 min + 30 min
47 min + 23 min
2 h 32 min + 50 min
1 h 30 min + 2 h 15 min
45 min + 1 h 20 min

c) 1 min 20 s – 35 s
2 min 10 s – 45 s
3 min 25 s – 50 s
3 min 25 s – 1 min 50 s
4 min 10 s – 2 min 20 s

d) 2 h 10 min – 50 min
1 h 25 min – 40 min
3 h 25 min – 1 h 40 min
2 h 40 min – 1 h 50 min
4 h 35 min – 2 h 55 min

Für Könner!
**4** Rechne mit Zwischenrechnungen im Heft.

!

a) 2 min 40 s · 3
1 min 15 s · 4
3 min 15 s · 2
1 min 40 s · 5

b) 1 h 45 min · 4
2 h 50 min · 5
3 h 20 min · 4
1 h 25 min · 3

c) 2 min 40 s : 4
1 min 10 s : 5
2 min 45 s : 3
3 min 20 s : 2

d) 1 h 30 min : 5
2 h 20 min : 4
3 h 40 min : 4
4 h 10 min : 2

## Zeitspannen und Zeitpunkte auseinanderhalten

Die erste Uhr zeigt 8 Uhr und 30 Minuten. Schreibe so: 8.30 Uhr.

**8.30 Uhr** ist ein **Zeitpunkt**. Welchen Zeitpunkt kannst du auf der zweiten Uhr ablesen? Richtig, 10.00 Uhr. Und welche Zeitspanne liegt dazwischen? Dazwischen liegt 1 Stunde und 30 Minuten. Eine **Zeitspanne** ist die **Zeit zwischen zwei Zeitpunkten**.

8.30 Uhr — 1 h 30 min → 10.00 Uhr

**Beispiel**

### Zeitspannen berechnen

Aufgabe: Berechne die Zeitspanne von 12.20 Uhr bis 15.10 Uhr.

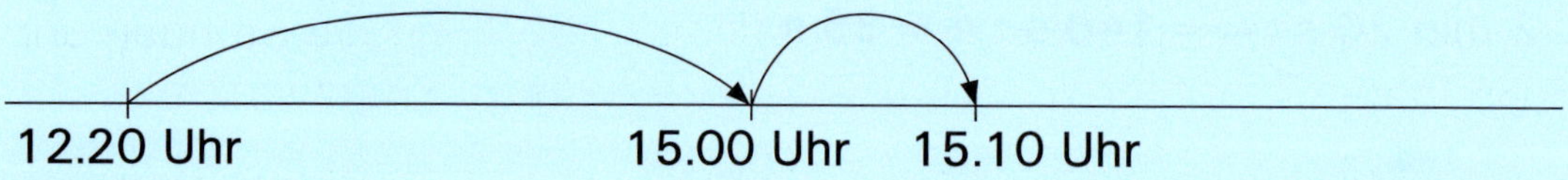


So gehst du vor:
Ergänze die Zeit bis zur vollen Stunde, und addiere die restliche Zeit.
also: 2 h 40 min + 10 min = 2 h 50 min

**1** Welche Zeitspanne ergibt sich hier jeweils?

a) 8.45 Uhr — ☐ → 9.00 Uhr
10.10 Uhr — ☐ → 11.45 Uhr
12.05 Uhr — ☐ → 14.10 Uhr

b) 9.00 Uhr — ☐ → 10.10 Uhr
11.45 Uhr — ☐ → 12.05 Uhr
14.10 Uhr — ☐ → 15.15 Uhr

**2** Hier ein Ausschnitt aus dem Fernsehprogramm. Gib jeweils an, wie lange die Sendungen dauern.

| | |
|---|---|
| 9.30 Uhr | Wochenvorschau |
| 10.00 Uhr | Weltumsegelung mit Familie |
| 10.45 Uhr | Septimus Siebensohn |
| 11.15 Uhr | Poga 1104 |
| 12.00 Uhr | Presseclub |

Wochenvorschau: 30 min

Weltumsegelung: ____________________

____________________

____________________

## Zeitpunkte berechnen

**Beispiele**

Aufgabe: Es ist 8.45 Uhr: Wie spät ist es in 2 h 30 min?

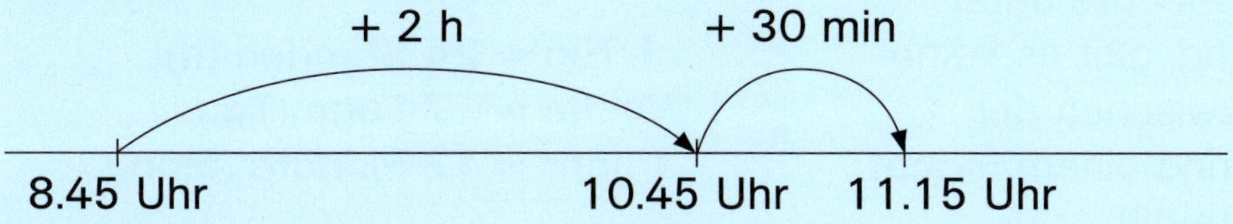


So gehst du vor:
Erst addierst du die vollen Stunden und dann die Minuten.
also: 8.45 Uhr + 2 h 30 min = 11.15 Uhr

Für Könner!

**1** An Karolas Schule beginnt um 7.45 Uhr der Unterricht. Die erste Stunde dauert 45 min. Dann sind 5 min Pause. Die nächste Stunde ist wieder 45 min lang. Jetzt kommt eine große Pause von 20 min. Nach der dritten Stunde endet der Unterricht. Trage hier die Zeitpunkte ein, wann die Stunden und Pausen jeweils zu Ende waren.

| | | | | | |
|---|---|---|---|---|---|
| 7.45 Uhr | | | | | |

Für Könner!

**2** Julian hat den Sonntagvormittag so verbracht: 8.45 Uhr aufstehen, 20 min waschen, 30 min frühstücken, 1 h spielen, 1 h 10 min fernsehen, 45 min lesen. Dann musste er zum Mittagessen. Notiere hier die Zeitpunkte, wann er mit dem Waschen, Frühstücken usw. fertig war.

| | | | | | |
|---|---|---|---|---|---|
| 8.45 Uhr | | | | | |

**3** Diese fünf Züge verkehren zwischen Stuttgart und Heidelberg. Berechne die Fahrzeiten.

| Zugnummern | RE 798 | RE 516 | RE 714 | RE 614 | RE 512 |
|---|---|---|---|---|---|
| Stuttgart ab | 8.07 | 9.45 | 9.56 | 11.01 | 11.57 |
| Heidelberg an | 9.24 | 11.01 | 11.08 | 12.17 | 13.14 |
| Fahrzeiten | | | | | |

## Tage, Wochen, Monate, Jahre

Für größere Zeitspannen verwenden wir als Zeiteinheiten Tage (Tg.), Wochen (Wch.), Monate (Mon.) und Jahre (J.).

**1** Tag = **24** Stunden (**h**)
**1** Woche = **7** Tage (**Tg.**)
**1** Jahr = **12** Monate (**Mon.**)

**1** a) Sieh im Kalender nach: Wie viele Tage haben die Monate Januar, Februar, März und April?
Da die einzelnen Monate unterschiedlich lang sind, gibt es keine feste Beziehung zwischen der Anzahl der Tage und einem Monat, die für alle Monate gilt.

b) Für einen Umlauf um die Sonne benötigt die Erde etwas länger als 365 Tage. Dieses „etwas länger" wird alle vier Jahre dadurch ausgeglichen, dass man das Jahr um einen Tag verlängert. Der Februar hat dann nicht 28, sondern 29 Tage, das Jahr 366 Tage. Jahreszahlen, die ohne Rest durch 4 teilbar sind, sind Schaltjahre. Welche der folgenden Jahre waren Schaltjahre? 1952, 1988, 1990, 2008?

c) Fülle diese Tabelle für 2005 aus.

| Januar | Februar | März | April | Mai | Juni |
|---|---|---|---|---|---|
| 31 Tage | | | | | |

| Juli | August | September | Oktober | November | Dezember |
|---|---|---|---|---|---|
| | | | | | |

**2** Wandle um.

a)

| Tage | Stunden |
|---|---|
| 3 Tg. | 72 h |
| 5 Tg. | |
| 2 Tg. | |
| 7 Tg. | |
| 10 Tg. | |

b)

| Tage | Stunden |
|---|---|
| 1 Tg. | |
| $\frac{1}{2}$ Tg. | |
| $\frac{1}{4}$ Tg. | |
| $\frac{3}{4}$ Tg. | |
| $1\frac{1}{2}$ Tg. | |

c)

| Stunden | Tage |
|---|---|
| 48 h | |
| 240 h | |
| 120 h | |
| 72 h | |
| 144 h | |

d) 2 Tg. 5 h = 53 h
10 Tg. 8 h = ______
3 Tg. 10 h = ______
5 Tg. 20 h = ______

e) 38 h = 1 Tg. 14 h
30 h = ______
50 h = ______
80 h = ______

**3** Rechne um.

a) 3 Wch. = 21 Tg.
7 Wch. = ________ Tg.
10 Wch. = ________ Tg.
12 Wch. = ________ Tg.

b) 49 Tg. = 7 Wch.
63 Tg. = ________ Wch.
70 Tg. = ________ Wch.
140 Tg. = ________ Wch.

c) 3 Wch. 5 Tg. = 26 Tg.
7 Wch. 1 Tg. = ________
10 Wch. 4 Tg. = ________
12 Wch. 3 Tg. = ________

d) 19 Tg. = 2 Wch. 5 Tg.
25 Tg. = ________
30 Tg. = ________
62 Tg. = ________

**4** Führe auch hier Umwandlungen durch.

a) 5 J. = 60 Mon.
10 J. = ________ Mon.
3 J. = ________ Mon.
$\frac{1}{2}$ J. = ________ Mon.
$\frac{1}{4}$ J. = ________ Mon.

b) 24 Mon. = 2 J.
60 Mon. = ________ J.
48 Mon. = ________ J.
36 Mon. = ________ J.
120 Mon. = ________ J.

c) 3 J. 8 Mon. = 44 Mon.
5 J. 10 Mon. = ________
1 J. 11 Mon. = ________
4 J. 7 Mon. = ________

d) 45 Mon. = 3 J. 9 Mon.
64 Mon. = ________
70 Mon. = ________
80 Mon. = ________

Natürlich kannst du auch mit großen Zeiteinheiten rechnen:

**Beispiele**

Aufgabe: Addiere 3 Wch. 5 Tg. mit 2 Wch. 4 Tg.

So gehst du vor: Wandle alles wieder in einheitliche Zeitspannen um, und addiere dann: 3 Wch. 5 Tg. + 2 Wch. 4 Tg. = **26 Tg. + 18 Tg. = 44 Tg.** = 6 Wch. 2 Tg.

Für Könner!

**5** Rechne mit Zwischenrechnungen im Heft.

a) 3 Wch. 2 Tg. + 5 Wch. 5 Tg.
4 Wch. 3 Tg. + 2 Wch. 6 Tg.
2 Wch. 5 Tg. + 6 Wch. 3 Tg.
7 Wch. 5 Tg. + 2 Wch. 4 Tg.

b) 7 Wch. 2 Tg. – 3 Wch. 5 Tg.
6 Wch. 3 Tg. – 2 Wch. 4 Tg.
9 Wch. 1 Tg. – 4 Wch. 3 Tg.
5 Wch. 3 Tg. – 3 Wch. 4 Tg.

## Rund um den Kalender

**1** a) Die Weihnachtsferien dauern 2 Wch. 3 Tg., die Osterferien 2 Wch. Wie viele Ferientage sind das?

b) Von den 6 Wch. 2 Tg. der großen Ferien macht Tim eine 10-tägige Radtour. Mit den Eltern fährt er außerdem 2 Wch. 6 Tg. in die Alpen. Wie viele Ferientage bleiben übrig?

c) Herr Müller bekommt im Jahr 6 Wochen Urlaub. 2 Wch. 1 Tg. nimmt er im Winter, 8 Tg. will er nach Sachsen fahren und 2 Wch. 5 Tg. macht er Sommerurlaub. Behält er noch Urlaub übrig?

Willst du eine **Zeitspanne in einem Monat** berechnen, dann geht das so:

Vom 8. April bis 24. April sind es 16 Tage

Rechne:
24 – 8 = 16

Dabei lässt du den ersten Tag der Zeitspanne weg und rechnest den letzten hinzu.

**2** Wie viele Tage sind es hier jeweils? Rechne im Heft.

a) 3. Mai bis 21. Mai
8. August bis 26. August
16. Oktober bis 28. Oktober

b) 12. Juni bis 30. Juni
9. September bis 16. September
14. Dezember bis 31. Dezember

Wenn du eine **Zeitspanne über mehrere Monate** berechnen willst, überlege, wie viele Tage diese Monate haben.
Z.B.: Vom 12. April bis 9. Mai sind es 27 Tage.
Rechne: Der Monat April hat 30 Tage.
30 – 12 = 18. Es sind also 18 Tage im April.
Hinzu kommen 9 Tage im Mai.
Daher gilt: 18 Tg. + 9 Tg. = 27 Tg.

Für Könner!

**3** Berechne ebenso. Benutze einen Kalender.

a) 15. Mai bis 6. Juni
19. März bis 12. April
4. August bis 20. September

b) 4. Januar bis 20. Februar
16. Oktober bis 19. November
23. November bis 14. Dezember

**4** Tina ist vom 7. Mai bis 14. Mai im Schullandheim.

a) Wie viele Tage ist sie weg?

b) Eigentlich sollte die Klassenfahrt 10 Tage dauern. Wann wäre Tina dann zurückgekommen?

| Thema und Erklärungen | Beispiele |
|---|---|
| **Zeiteinheiten**<br>Merke dir:<br>1 h = 60 min<br>1 min = 60 s<br><br>So rechnest du um:<br>h in min → · 60<br>min in h → : 60<br>min in s → · 60<br>s in min → : 60 | 4 h = 240 min    360 min = 6 h<br>3 min = 180 s    420 s = 7 min |
| Merke dir auch:<br>1 Tag = 24 h<br>1 Woche = 7 Tg.<br>1 Jahr = 12 Mon.<br><br>Entsprechend rechnest du wieder um. | 4 Tg. = 4 · 24 h = 96 h<br>48 h = 48 h : 24 h = 2,<br>also 48 h = 2 Tg.<br>5 Wch. = 5 · 7 Tg. = 35 Tg.<br>42 Tg. = 42 Tg. : 7 Tg. = 6,<br>also 42 Tg. = 6 Wch.<br>3 J. = 3 · 12 Mon. = 36 Mon.<br>24 Mon. = 24 Mon. : 12 Mon. = 2,<br>also 24 Mon. = 2 J. |
| **Zeitpunkte und Zeitspannen ermitteln**<br>Willst du eine **Zeitspanne** ermitteln, rechnest du immer die Zeit zur vollen Stunde und addierst dann alles. | Zeitspanne zwischen<br>12.20 Uhr und 15.10 Uhr = 2 h 50 min<br>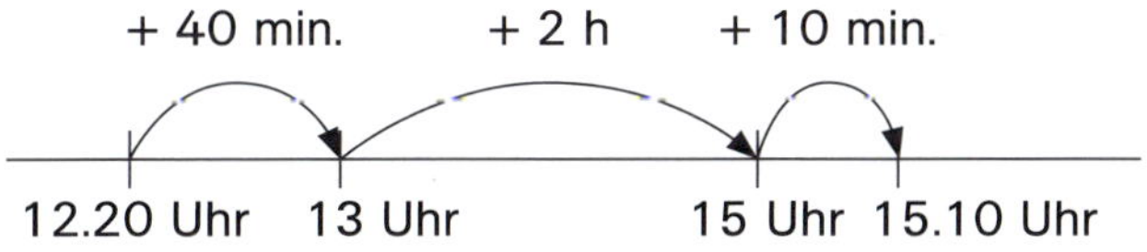 |
| **Zeitpunkte** ermittelst du, indem du erst die vollen Stunden und dann die Minuten addierst. | Abfahrt 9.36 Uhr; Fahrzeit 3 h 17 min<br>Zeitpunkt der Ankunft = 12.53 Uhr<br>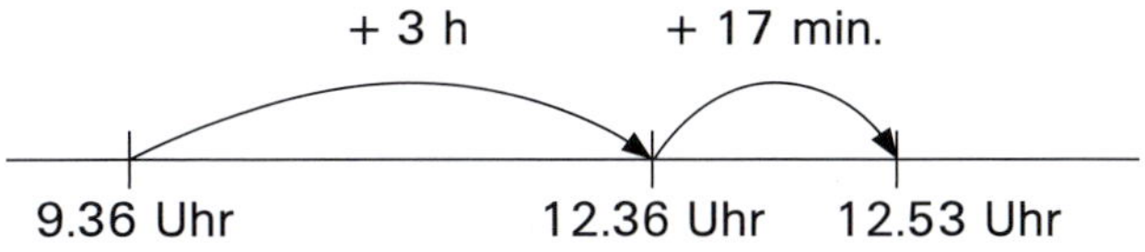 |

**Extra: online üben**

## Mach dich fit für den Test!

Du willst noch mehr üben? Kein Problem! Auf www.klett.de/lerndrachen-training findest du viele weitere Übungen zu diesem Kapitel. Wie du dich registrierst und die Übungen freischaltest, liest du auf Seite 2. Viel Erfolg!

**1** Rechne um.

a) 1 min 40 s = ____ s
2 min 5 s = ____ s

b) 3 h 10 min = ___ min
5 h 12 min = ___ min

c) 200 s = ___ min ___ s
450 s = ___ min ___ s

d) 250 min = ___ h ___ min
370 min = ___ h ___ min

e) 3 Tg. = ____ h
5 Tg. = ____ h

f) 48 h = ___ Tg.
12 h = ___ Tg.

12 P

**2** Rechne um.

a) 8 Wch. 5 Tg. = ____ Tg.
12 Wch. 6 Tg. = ____ Tg.
48 Tg. = Wch. ____ Tg.
100 Tg. = Wch. ____ Tg.

b) 3 J. = ____ Mon.
2 J. 10 Mon. = ____ Mon.
13 Mon. = ____ J. ____ Mon.
30 Mon. = ____ J. ____ Mon.

8 P

**3** Löse die Aufgaben im Heft. Beachte, dass du erst in dieselbe Einheit umwandeln musst.

a) 3 min + 300 s
3 Wch. 2 Tg. + 4 Wch. 3 Tg.
1 min 20 s + 123 s
$1\frac{1}{2}$ J. + 7 Mon.

b) 3 min 12 s – 48 s
1 J. 3 Mon. – 9 Mon.
2 h 30 min – 60 min
9 Wch. 3 Tg. – 2 Wch. 5 Tg.

16 P

**4** Ein Zug fährt um 16.22 Uhr in Hannover ab und erreicht nach 2 Stunden 51 Minuten Düsseldorf. Wie spät ist es dann?

Antwort: ______________________________________

4 P

**5** Welche Verbindung ist die schnellste?

a) Bushaltestelle Clarastraße:
Abfahrt 14.37 Uhr

Hauptbahnhof:
Ankunft 15.11 Uhr

b) S-Bahnhof Clarastraße:
Abfahrt 14.49 Uhr

Hauptbahnhof:
Ankunft: 15.26 Uhr

Antwort: ____________________

5 P

**6** a) Ergänze die fehlenden Angaben.

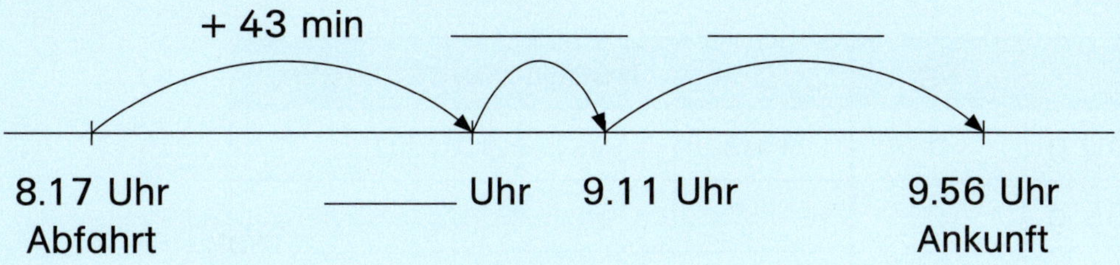


b) Wie groß ist die gesamte Zeitspanne zwischen Abfahrt und Ankunft?

Antwort: ____________________

4 P

**7** Der Film läuft seit 51 Minuten. Jetzt ist es 15.16 Uhr.

a) Wann hat der Film begonnen? Du kannst den Rechenstrich zur Lösung verwenden.

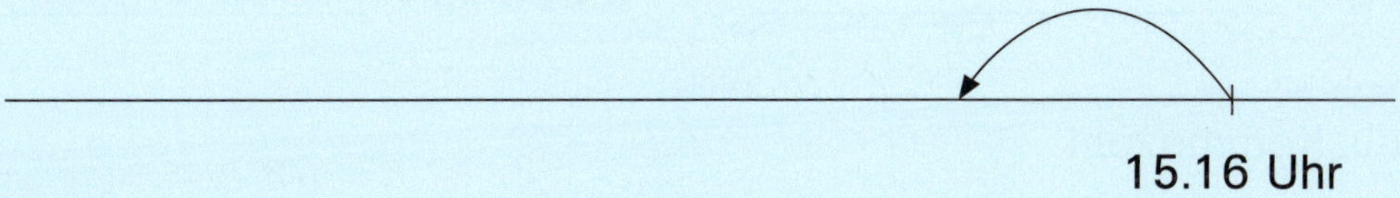


Antwort:

b) Wie lange dauert der Film insgesamt, wenn er um 15.50 Uhr endet?

Antwort: ____________________

5 P

In diesem Test habe ich ______ Punkte von insgesamt 54 Punkten erreicht.

Jetzt geht es weiter mit Gewichten und Rauminhalten. Auch hier geht es wieder um Umrechnungen und Kommaschreibweisen.

Merk's dir!

So rechnest du Kilogramm in Gramm um:

**1 kg = 1 000 g**

## Die Kommaschreibweise bei Gewichten

Beim Einkaufen werden die Gewichte in Kilogramm (kg) und Gramm (g) angegeben.

**1** Die Mutter kauft einen Schinken, der 5 kg 450 g wiegt. Fülle die Tabelle aus.

| | kg | g | Kommaschreibweise |
|---|---|---|---|
| 5 kg 450 g | 5 | 450 | 5,450 kg |
| 8 kg 165 g | | | |
| 12 kg 50 g | | | |
| 2 kg 5 g | | | |

**2** Wandle um.

a) 2 500 g = 2 kg 500 g = 2,500 kg
3 700 g = ______
6 505 g = ______
12 050 g = ______

b) 6,750 kg = 6 kg 750 g = 6750 g
0,750 kg = ______
2,080 kg = ______
0,090 kg = ______

**3** Schreibe als Kommazahl.

a) 800 g = 0,800 kg
1 200 g = ______
50 g = ______
4 500 g = ______

b) 4 005 g = ______
15 040 g = ______
9 000 g = ______
700 g = ______

c) 15 000 g = ______
1 500 g = ______
150 g = ______
15 g = ______

Für Könner!

**4** Rechne um.

a) $\frac{1}{2}$ kg = 500 g
$\frac{1}{4}$ kg = ______
$\frac{3}{4}$ kg = ______
$1\frac{1}{2}$ kg = ______

b) $2\frac{1}{2}$ kg = ______
$1\frac{1}{4}$ kg = ______
$2\frac{3}{4}$ kg = ______
$3\frac{1}{2}$ kg = ______

c) 250 g = $\frac{1}{4}$ kg
500 g = ______
750 g = ______
1 250 g = ______

Große Gewichte werden in Tonnen (t) und Kilogramm (kg) angegeben.

Wenn du Kilogramm in Tonnen umrechnen möchtest, musst du wissen:

**1 t = 1 000 kg**

**5** Fülle die Tabelle aus.

| | t | kg | Kommaschreibweise |
|---|---|---|---|
| 12 t 500 kg | 12 | 500 | 12,500 t |
| 8 t 650 kg | | | |
| 950 kg | | | |
| 7 t 80 kg | | | |
| 3 t 5 kg | | | |

**6** Wandle um.

a) 3 750 kg = 3 t 750 kg = 3,750 t
9 250 kg = ______
580 kg = ______
12 350 kg = ______

b) 1,080 t = 1 t 80 kg = 1080 kg
7,235 t = ______
0,580 t = ______
0,058 t = ______

**7** Schreibe als Kommazahl.

a) 700 kg = 0,700 t
2 500 kg = ______
25 600 kg = ______
8 000 kg = ______

b) 5 080 kg = ______
12 000 kg = ______
900 kg = ______
80 kg = ______

c) 42 000 kg = ______
5 600 kg = ______
70 kg = ______
5 kg = ______

**Beispiele**

Bei Kommazahlen werden oft **überflüssige Nullen** weggelassen.

0,7**00** t = 0,7 t    0,8**00** kg = 0,8 kg
1,5**00** t = 1,5 t    2,1**00** kg = 2,1 kg

**8** Schreibe diese Gewichtsangaben wieder als ausführliche Kommazahlen.

a) 0,3 t = 0,300 t
2,7 t = ______
81,5 t = ______

b) 0,1 t = ______
3,5 t = ______
12,3 t = ______

c) 0,6 kg = ______
7,2 kg = ______
1,8 kg = ______

## So rechnest du mit Gewichten

**1** Auf einem Lieferwagen liegen 5 Kisten. Sie wiegen 5 400 g; 54 kg; 0,540 t; 0,540 kg und 5,400 t.
Vergleiche ihre Gewichte, und ordne sie so an:

☐ > ☐ > ☐ > ☐ > ☐

**2** Vergleiche, und setze jeweils die Zeichen <, =, >.

| | | | | | | | | |
|---|---|---|---|---|---|---|---|---|
| a) 32 kg | ☐ | 32 000 g | b) 1,250 t | ☐ | 125 kg | c) 250 kg | ☐ | $\frac{1}{4}$ t |
| 1,8 kg | ☐ | 18 000 g | 0,540 t | ☐ | 54 kg | 3 500 kg | ☐ | 3,5 t |
| 0,350 kg | ☐ | 3 500 g | 4,125 t | ☐ | 4 125 kg | 17 000 kg | ☐ | 1,7 t |

**Beispiele**

Wenn du mit Gewichten rechnen sollst, die verschiedene Einheiten enthalten, wandle sie zuerst in eine gemeinsame Einheit um, und rechne dann. Du bist auf der sicheren Seite, wenn du die Einheit so wählst, dass keine Kommazahlen vorkommen.

Rechne so:

1,735 t + 851 kg + 4,250 t = 1 735 kg + 851 kg + 4 250 kg = 6 836 kg
= 6,836 t

4,250 kg · 7 = 4250 g · 7 = 29 750 g = 29,750 kg

**3** Rechne.

a) 0,085 t + 3,712 t + 654 kg = ______________

3,875 kg + 0,560 kg + 125 g = ______________

b) 9,651 t – 873 kg = ______________

26,080 kg – 19,503 kg = ______________

**4** Löse jetzt diese Aufgaben im Heft.

a) 12,500 t · 18
b) 8,720 kg · 15
c) 0,871 kg · 21
d) 30,375 kg : 15
e) 3,455 kg : 5
f) 7,440 t : 6

**5** a) Mutter packt ein Geschenkpäckchen. Es enthält 250 g Kaffee, eine Pralinenpackung zu 125 g und ein Buch (Gewicht: $\frac{1}{2}$ kg). Die Verpackung wiegt 135 g. Wie schwer wird das Päckchen?

! b) Das Höchstgewicht für Päckchen beträgt 2 kg. Wie viel könnte noch hinein?

**6** a) Martin nimmt für seinem Ausflug 375 g belegte Brote mit. Seine Getränke wiegen 1,280 kg. Einen Anorak hat er auch dabei. Er wiegt 425 g und der Rucksack 0,820 kg. Welches Gewicht muss er tragen?

! b) Unterwegs isst er seine Brote, und bis auf 280 g hat er auch all seine Getränke getrunken. Wie viel kg wiegt der Rucksack jetzt?

**7** a) Mit einem Lastenaufzug sollen Kisten befördert werden. Sie wiegen 81,750 kg, 65,800 kg, 925 kg und 77 kg. Wie schwer sind sie insgesamt?

b) Der Aufzug darf nur 1,500 t transportieren. Wie viel könnte noch zugeladen werden?

Für Könner!

**8** ! a) Ein Päckchen wiegt 180 g. 12 davon sollen in eine Kiste gepackt werden. Wie viel wiegen die Päckchen insgesamt?

b) 12 Päckchen einer anderen Sorte wiegen 5,880 kg. Wie schwer ist jedes Päckchen?

c) Wie viel wiegen 15 Päckchen von dieser Sorte?

**9** Ein großes Päckchen wiegt 1,280 kg, ein kleines 850 g.

a) Wie viel wiegen jeweils 8 große, 8 kleine, 15 große, 15 kleine Päckchen?

b) Es sollen in eine Kiste 7 große und 17 kleine Päckchen verpackt werden. Berechne das Gesamtgewicht.

c) In eine andere Kiste passen 6 große und 11 kleine Päckchen.

## Mit Liter und Milliliter rechnen

Volumen oder Rauminhalte werden in Liter (l) und Milliliter (ml) gemessen. In einem Kanister sind meist 5 l Benzin. Eine Konservendose hat oft 450 ml Inhalt.

**1 l = 1 000 ml**

**1** Wandle um.

| a) | | b) | | c) | |
|---|---|---|---|---|---|
| 5 l = | 5 000 ml | 7 000 ml = | 7 l | $\frac{1}{2}$ l = | 500 ml |
| 12 l = | ______ | 10 000 ml = | ______ | $\frac{1}{4}$ l = | ______ |
| 20 l = | ______ | 2 000 ml = | ______ | $\frac{3}{4}$ l = | ______ |
| 3 l = | ______ | 25 000 ml = | ______ | $1\frac{1}{2}$ l = | ______ |

d) l und ml lassen sich auch als Kommazahlen schreiben. Fülle die Tabelle aus.

| | **l** | **ml** | **mit Komma** |
|---|---|---|---|
| 5 l 300 ml | 5 | 300 | 5,300 l |
| 8 l 250 ml | | | |
| 250 ml | | | |
| 1 l 500 ml | | | |
| 800 ml | | | |

**2** Schreibe als Kommazahl.

| a) | | b) | |
|---|---|---|---|
| 500 ml = | 0,500 l | $\frac{1}{2}$ l = | 500 ml = 0,500 l |
| 100 ml = | ______ | $\frac{1}{4}$ l = | ______ |
| 6 200 ml = | ______ | $\frac{3}{4}$ l = | ______ |
| 3 500 ml = | ______ | $1\frac{1}{4}$ l = | ______ |

Für Könner!

**3** Aus einem 5-l-Kanister werden nacheinander 1,250 l, $1\frac{1}{2}$ l und 0,700 l ausgegossen.

!

a) Wie viel l sind das?

b) Wie viel l bleiben im Kanister?

| Thema und Erklärungen | Beispiele |
|---|---|
| **Gewichtseinheiten**<br>Merke dir, wie sich die Einheiten entsprechen. | 1 t = 1 000 kg<br>1 kg = 1 000 g |
| **Umrechnen von Einheiten**<br>So musst du umrechnen:<br>t in kg → · 1 000<br>kg in t → : 1 000<br>kg in g → · 1 000<br>g in kg → : 1 000 | 7 t = 7 000 kg<br>6 000 kg = 6 t<br>2 kg = 2 000 g<br>8 000 g = 8 kg |
| **Rauminhaltseinheiten**<br>1 l = 1000 ml<br>ml ist die Abkürzung von Milliliter | 7 l = 7 000 ml<br>8 000 ml = 8 l |
| **Kommaschreibweise**<br>So schreibst du mit und ohne Komma: | siehe Tabellen |
| **Rechnen mit Kommazahlen**<br>Du vermeidest das Rechnen mit Kommazahlen, indem du die Kommazahlen in Größen ohne Komma umwandelst. Schreibe das Ergebnis wieder als Kommazahl. | 0,875 t · 5<br>875 kg · 5<br>4375 kg = 4,375 t |

| ohne Komma | t | kg | mit Komma |
|---|---|---|---|
| 5 t 800 kg | 5 | 800 | 5,800 t |
| 800 kg | | 800 | 0,800 t |
| 8 kg | | 8 | 0,008 t |

| ohne Komma | kg | g | mit Komma |
|---|---|---|---|
| 12 kg 500 g | 12 | 500 | 12,500 kg |
| 500 g | | 500 | 0,500 kg |
| 5 g | | 5 | 0,005 kg |

| ohne Komma | l | ml | mit Komma |
|---|---|---|---|
| 7 l 400 ml | 7 | 400 | 7,400 l |
| 400 ml | | 400 | 0,400 l |
| 4 ml | | 4 | 0,004 l |

**Extra: online üben**

## Mach dich fit für den Test!

Du willst noch mehr üben? Kein Problem! Auf www.klett.de/lerndrachen-training findest du viele weitere Übungen zu diesem Kapitel. Wie du dich registrierst und die Übungen freischaltest, liest du auf Seite 2. Viel Erfolg!

# Test: Gewichte und Volumen

**1** Wandle in deinem Heft in das angegebene Gewicht um.

a) 3400 g = ____ kg
200 g = ____ kg
50080 g = ____ kg

b) 4670 kg = ____ t
381 kg = ____ t
87 kg = ____ t

c) $\frac{1}{2}$ kg = ____ g
250 g = ____ kg
$\frac{3}{4}$ t = ____ kg

d) 0,780 kg = ____ g
7,150 kg = ____ g
23,004 kg = ____ g

e) 3,980 t = ____ kg
0,041 t = ____ kg
32,130 t = ____ kg

15 P

**2** Rechne in deinem Heft die Maßeinheiten um.

a) 3 l = ____ ml
12 l = ____ ml
$\frac{1}{2}$ l = ____ ml

b) 4000 ml = ____ l
15000 ml = ____ l
2000 ml = ____ l

c) 8,250 l = ____ ml
0,250 l = ____ ml
3,500 l = ____ ml

9 P

**3** Rechne schriftlich im Heft, und trage hier das Ergebnis ein.

a) 3,421 t + 748 kg + 0,3 t = ____________

b) 6,791 t – 364 kg = ____________

c) 3,785 t · 6 = ____________

d) 1,767 kg : 3 = ____________

8 P

**4** Vergleiche die Gewichte. Setze < ; = ; > ein.

a) 703 g ☐ 7,030 kg
8 kg 30 g ☐ 8300 g
4521 g ☐ 4,521 kg

b) 6,500 kg ☐ 6500 g
6,050 kg ☐ 6005 g
18 kg ☐ 1800 g

c) 2 t ☐ 200 kg
2 t 100 kg ☐ 2100 kg
1 t 11 kg ☐ 1,11 t

9 P

**5** Frau Schmitt geht einkaufen. Sie kauft 3,5 kg Kartoffeln, 250 g Butter, $\frac{1}{2}$ kg Hackfleisch, 2 kg Apfelsinen und ein Brot zu 750 g. Der Korb, den sie mit hat, wiegt 500 g. Wie viel kg muss sie nach Hause tragen?

Antwort: ______________________________

3 P

**6** Ein Lkw soll eine Palette Mauersteine mit einem Gewicht von 6,5 t, eine Palette Bodenplatten mit einem Gewicht von 928 kg und eine Palette mit Zementsäcken von insgesamt 3 t 255 kg zur Baustelle transportieren.

a) Wie viel wiegt die gesamte Ladung?

Antwort: ______________________________

b) Der Lkw wiegt leer 3900 kg. Wie viel t wiegt er mit der Ladung?

Antwort: ______________________________

5 P

**7** Eine Maschine füllt jede Stunde 400 Konservendosen mit je 750 ml Linsensuppe.

a) Wie viel Liter Suppe sind das pro Stunde insgesamt?

Antwort: ______________________________

b) Wie viele Konservendosen werden in $2\frac{1}{2}$ Stunden für den Abtransport gefüllt?

Antwort: ______________________________

c) Wie viel wiegen die Konservendosen, die nach $2\frac{1}{2}$ Stunden auf einer Palette abtransportiert werden sollen, wenn jede Dose 900 g wiegt?

Antwort: ______________________________

7 P

In diesem Test habe ich ______ Punkte von insgesamt 56 Punkten erreicht.

Es gibt viele Gegenstände, die symmetrisch (spiegelgleich) sind. Sind sie auf Papier gezeichnet, kannst du eine Spiegelachse einzeichnen und erkennen, dass die gespiegelte Seite mit der echten Seite übereinstimmt. Du wirst auch mit Würfel- und Quadernetzen umgehen. Die Beschäftigung mit Linien und Flächen ist ein weiterer Bestandteil der Geometrie.

## Symmetrische Figuren

Durch Falten oder Spiegeln kannst du dir symmetrische Figuren herstellen. Gehe so vor:

**Figur auf ein gefaltetes Papier zeichnen**

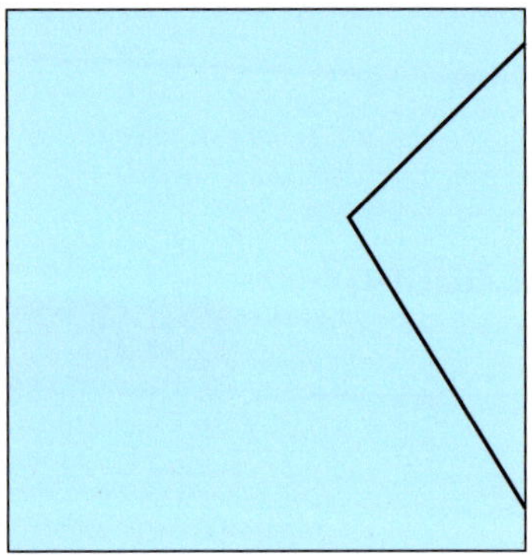

Figur ausschneiden und auffalten

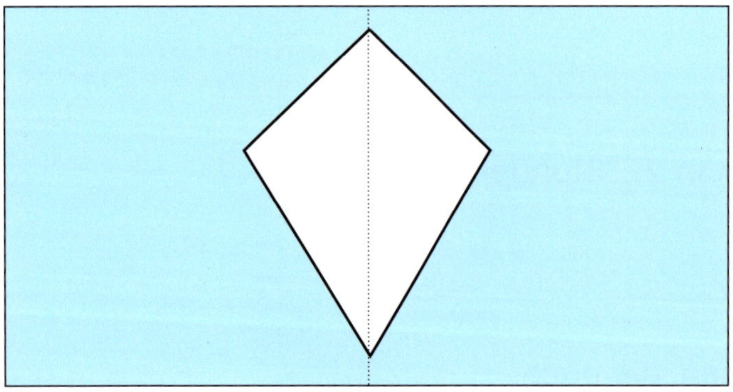

Faltachse

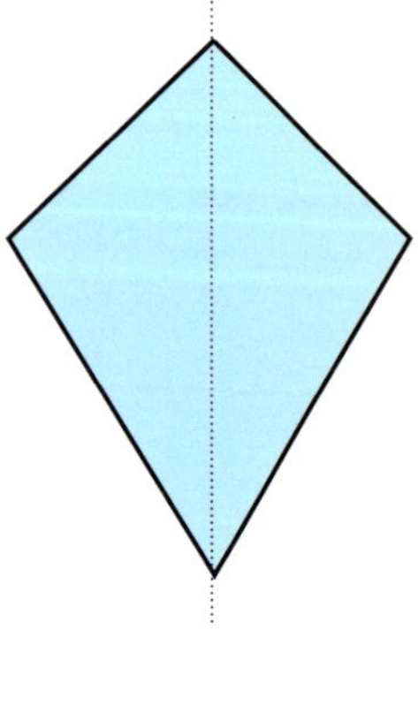

**Figur mit Spiegelachsen zeichnen**

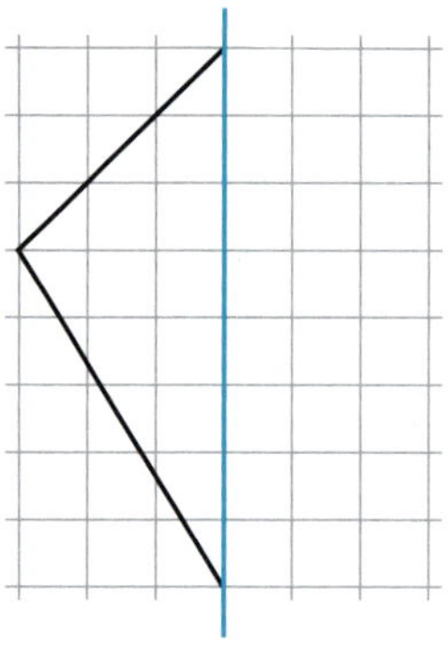

Eckpunkte spiegeln: A bzw A' sind jeweils gleich weit von der Spiegelachse entfernt.

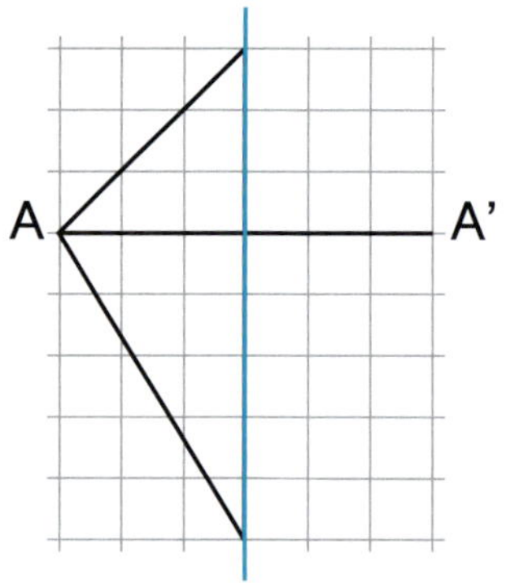


Figur ergänzen

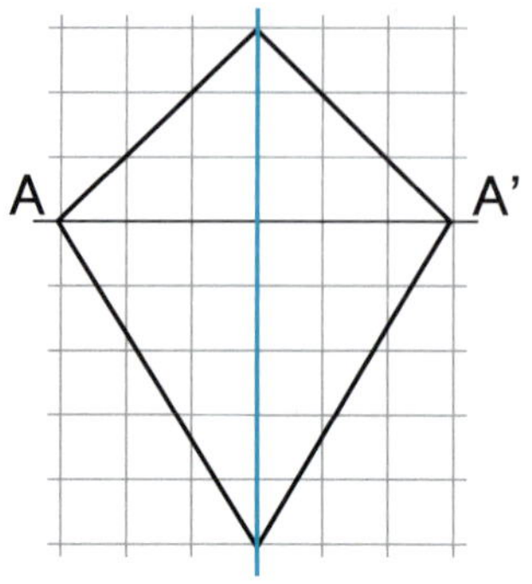

Durch Falten oder Spiegeln entstehen **symmetrische Figuren**. Die Faltachse und die Spiegelachse heißen auch **Symmetrieachse**.

**1** Welche symmetrischen Figuren entstehen hier? Zeichne sie jeweils in dein Heft.

a) 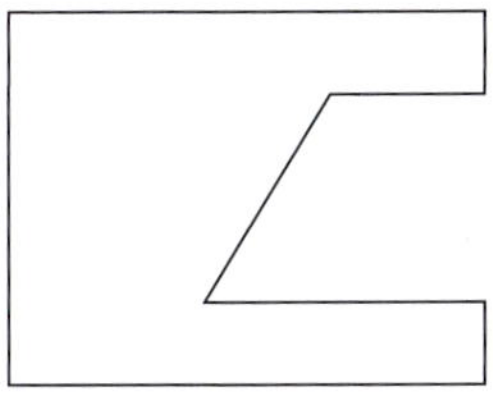

b) 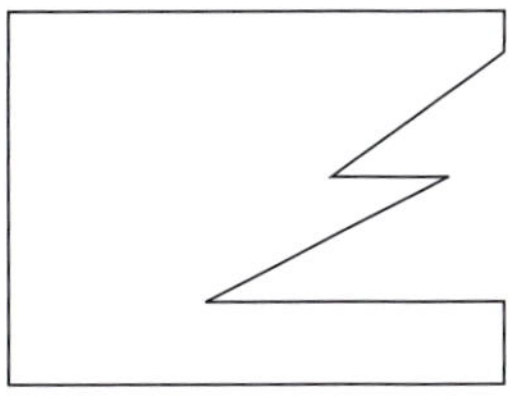

c) 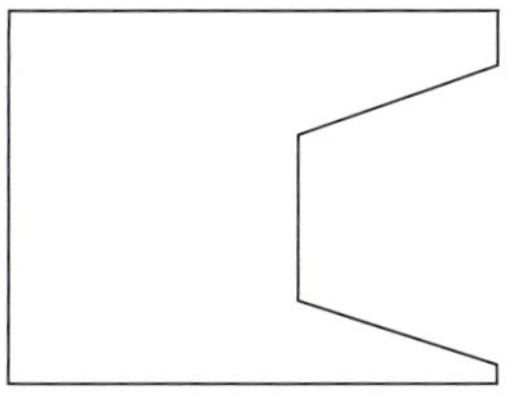

**2** Spiegele die Figuren.

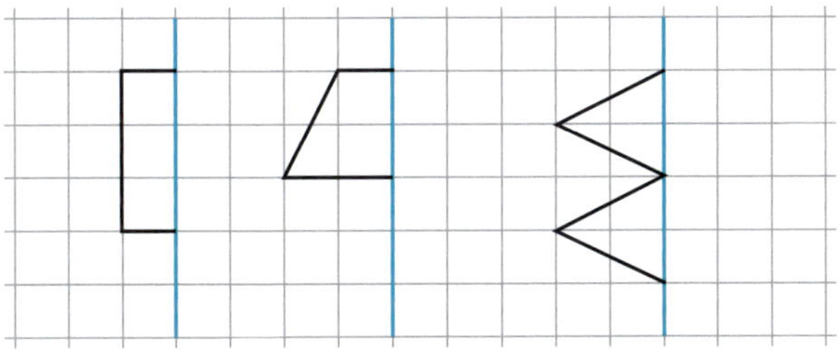

Willst du feststellen, ob eine Figur symmetrisch ist, so muss sie mindestens eine **Faltachse (Symmetrieachse)** besitzen. Beide Teile der Figur müssen sich also beim Falten (Spiegeln) an dieser Achse decken.

**3** Sind die hier eingezeichneten Achsen wirklich Faltachsen (Spiegelachsen)? Notiere ja oder nein.

a) 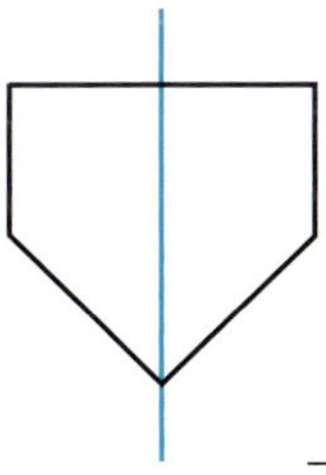 ________

b) 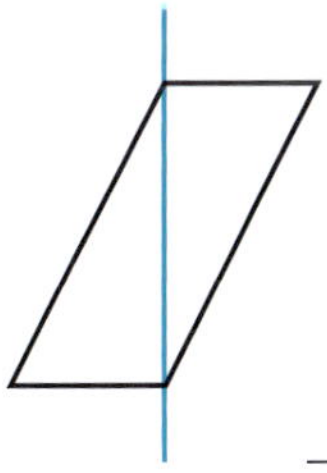 ________

c) 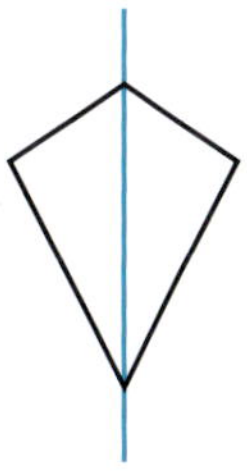 ________

**4** Welche dieser Figuren sind symmetrisch? Kannst du ihre Spiegelachse (Symmetrieachse) einzeichnen?

a) 

b) 

c) 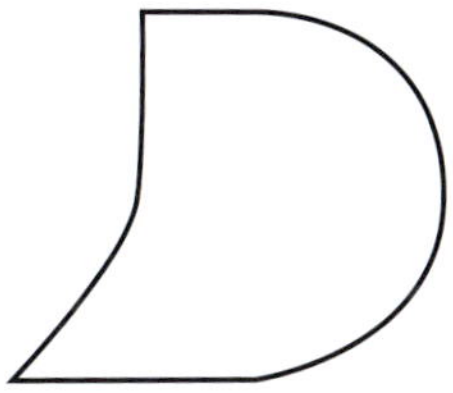

## Würfel- und Quadernetze

Wenn du einen würfelförmigen (quaderförmigen) Kasten geschickt aufschneidest und die Flächen flach auf die Ebene legst, erhältst du ein **Würfelnetz** (Quadernetz).

**1** Könntest du hier jeweils einen Quader zusammenfalten? Notiere ja oder nein!

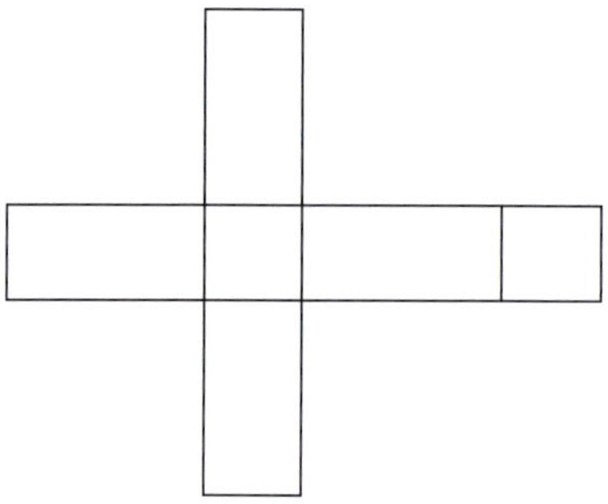

**2** Erhältst du hier jeweils Würfel?

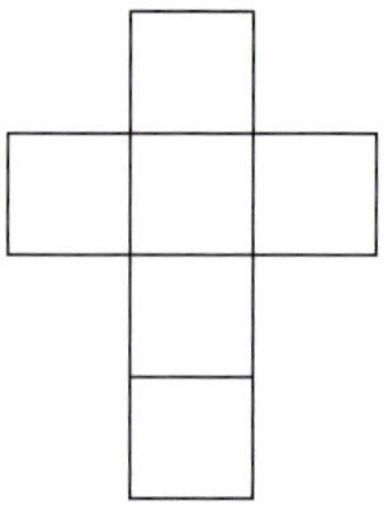

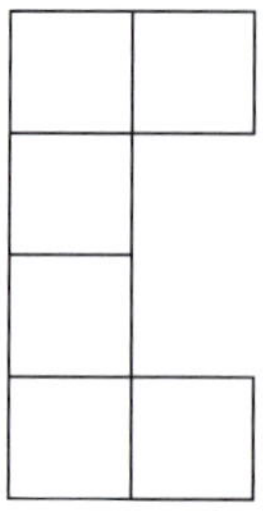

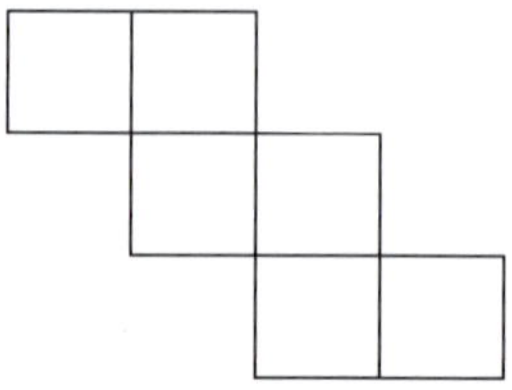

**3** Baue in deiner Vorstellung aus den Netzen Würfel oder Quader. Dabei soll die farbige Seite immer unten liegen. Beschrifte die Lage der anderen Seiten mit **o** für oben, **s** für links, **r** für rechts, **v** für vorne und **h** für hinten.

a)

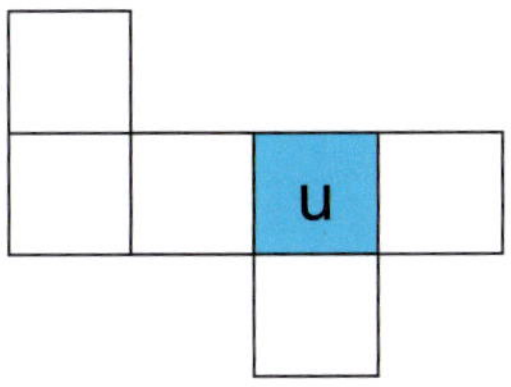


b) !

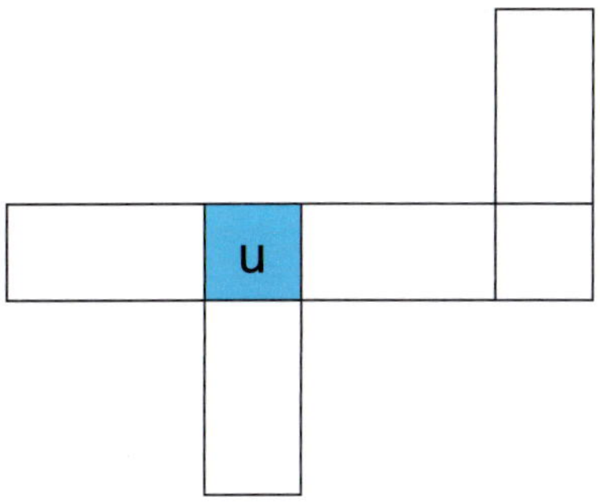


c)

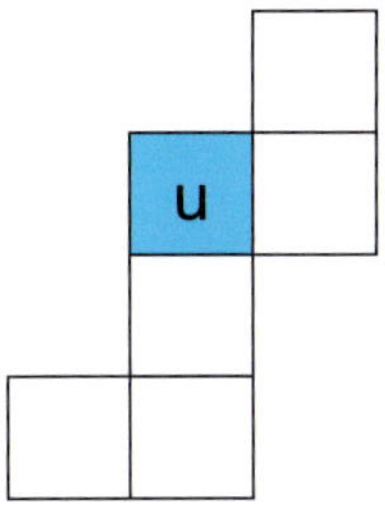


d) !

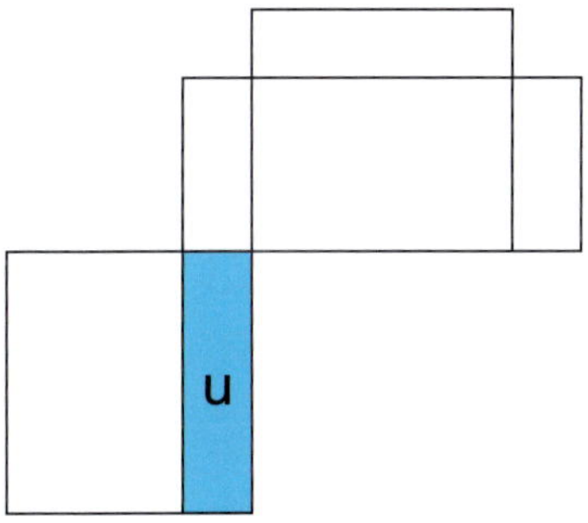


Für Könner!

**4** Falte die Netze in Gedanken zu Würfeln. Wie oft passt der kleine Würfel jeweils in die größeren hinein?

!

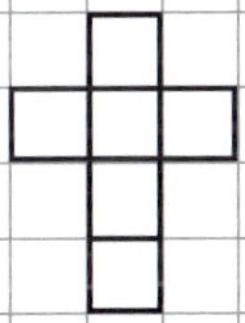

a)

_______ mal

b)

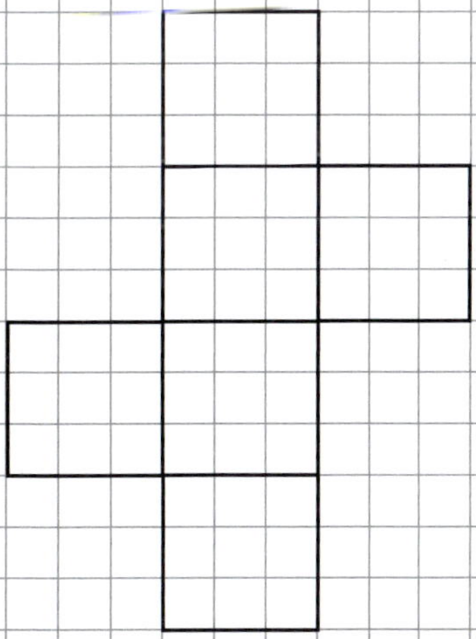

_______ mal

## Parallele und senkrechte Linien

Eisenbahnschienen müssen immer den gleichen Abstand voneinander haben, sonst können Züge nicht darauf fahren. Auf gerader Strecke liegen sie **parallel** zueinander.

Wenn eine Hauswand gerade stehen soll, steht sie **senkrecht** auf dem Untergrund.

Dein Geodreieck hilft dir, Parallelen und Senkrechte zu zeichnen.

**1** Zeichne bei den folgenden Figuren die parallelen Linien rot nach.

a) 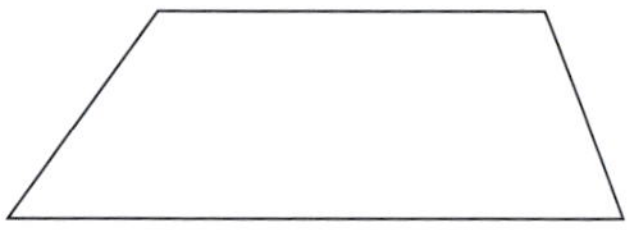

b) 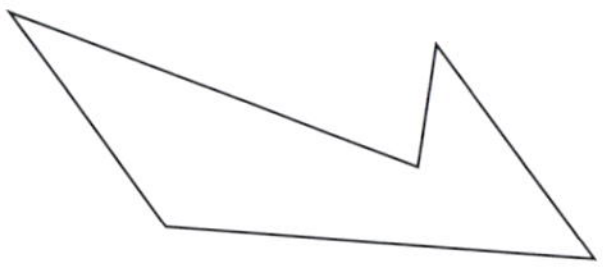

c) 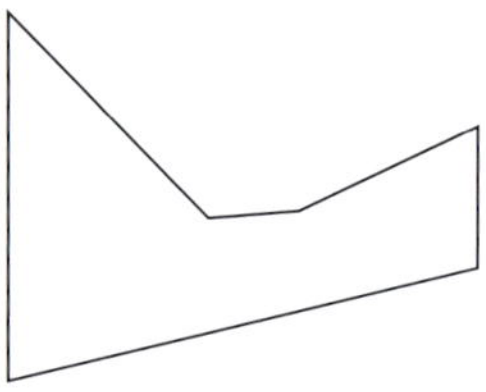

d) 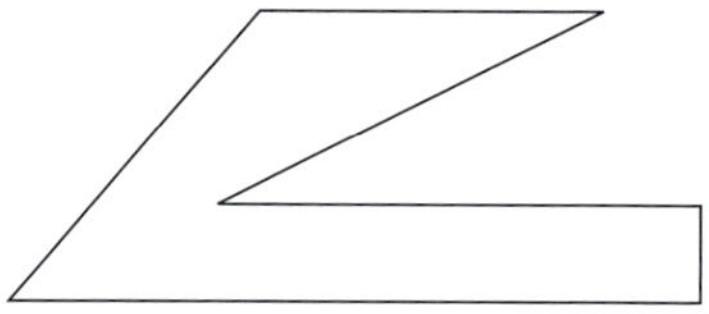

**2** Zeichne zu den Linien an der Markierung jeweils eine 2 cm lange Senkrechte.

a) 

b) 

c) 

d) 

**3** Welche der Linien steht jeweils zur dicken Grundlinie senkrecht? Zeichne sie rot nach.

a) 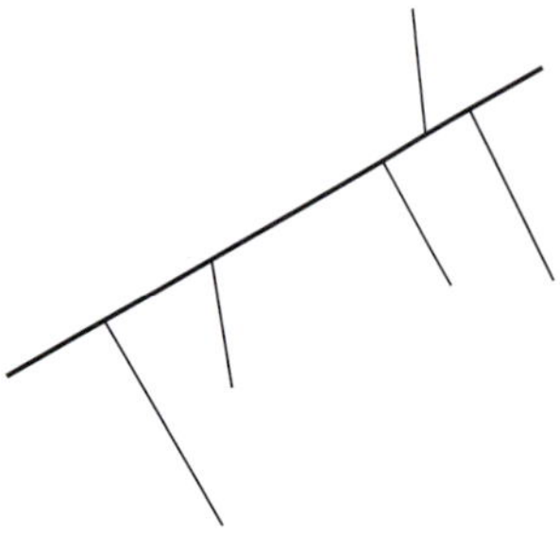

b) 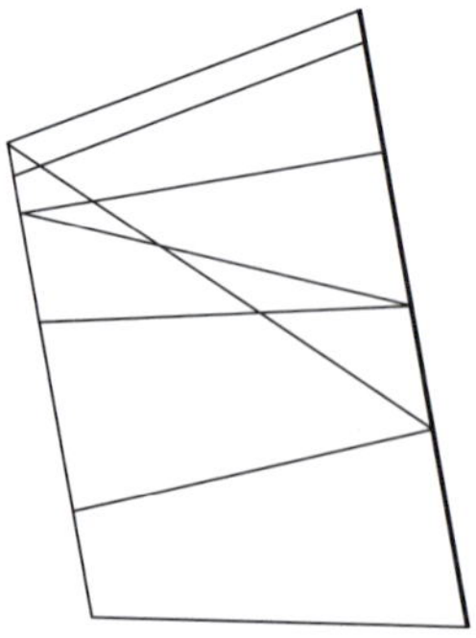

## Vergrößern und verkleinern

Um kleine Dinge oder Lebewesen (z. B. Bakterien) betrachten zu können, werden sie in Büchern **vergrößert** dargestellt.
Um große Dinge oder Lebewesen (z. B. Dinosaurier) in einem Buch darstellen zu können, müssen sie **verkleinert** gezeigt werden.
Um wie viel etwas vergrößert oder verkleinert dargestellt wird, sagt dir der **Maßstab**.

**1** Verlängere jede Linie der Figuren um das Doppelte. Dann hast du sie im Maßstab 2 : 1 (sprich zwei zu eins) vergrößert. Beginne bei den Markierungen.

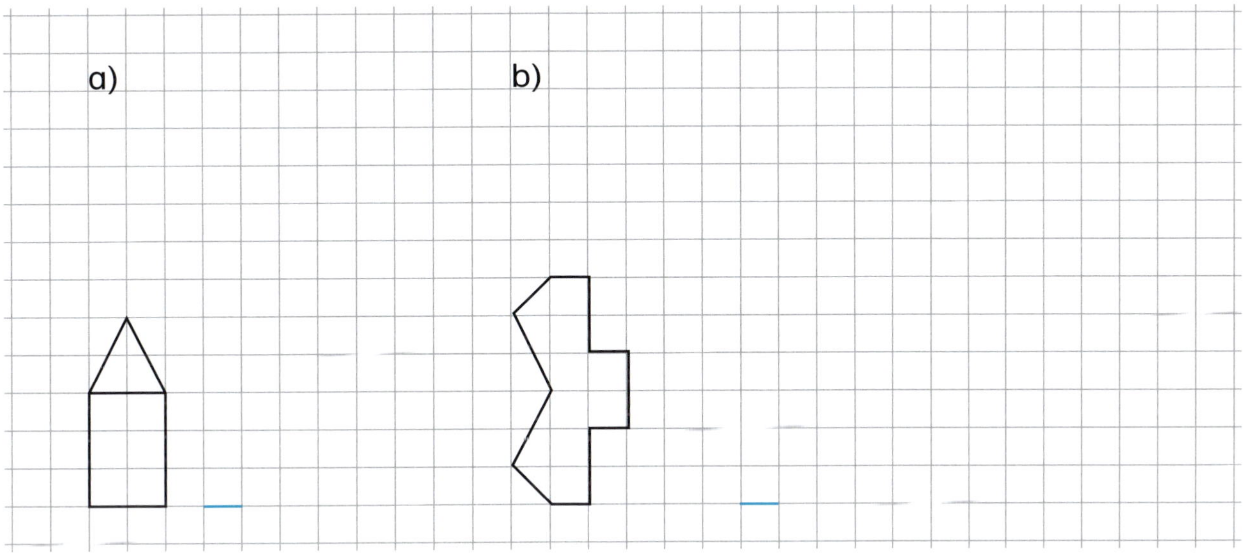


**2** Vergrößere die folgende Figur im Maßstab 3 : 1.

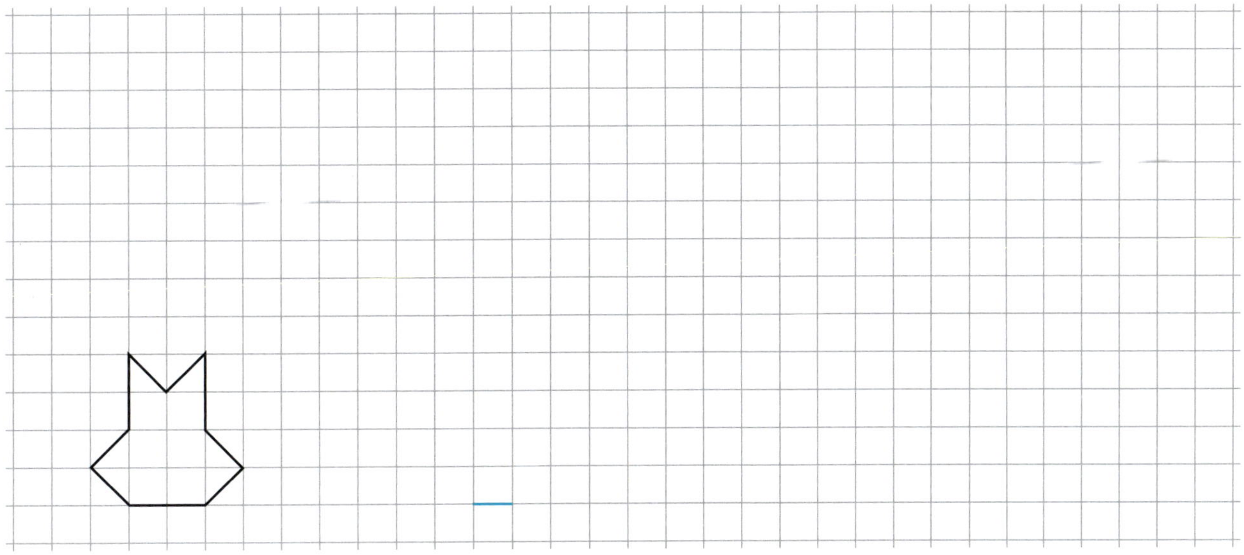

**3** Verkleinere die folgenden Buchstaben, indem du jede Linie halbierst. Du hast dann im Maßstab 1 : 2 verkleinert. Beachte auch die Abstände zwischen den Buchstaben.

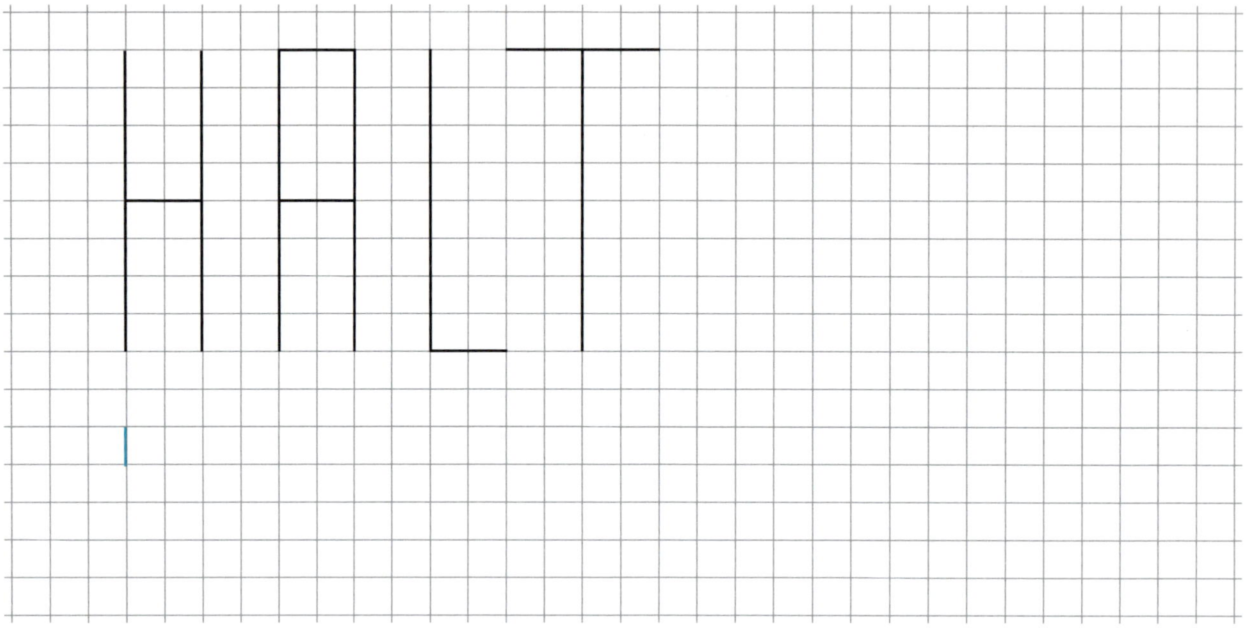

**4** Die Puppe auf dem Bild ist 6 cm hoch gezeichnet. Sie wurde im Maßstab 1 : 6 verkleinert dargestellt. Wie groß ist sie in Wirklichkeit?

| | |
|---|---|
| **Höhe der Puppe auf dem Bild** | 6 cm |
| **Maßstab** | |
| **Höhe der Puppe in Wirklichkeit** | |

Für Könner!

**5** Fülle die Tabelle aus.

| | | | | |
|---|---|---|---|---|
| **Bild** | 8 cm | 5 cm | 4 cm | 12 cm |
| **Maßstab** | 1 : 10 | 5 : 1 | 1 : 100 | 6 : 1 |
| **Wirklichkeit** | | | | |

## Flächenumfang

Den Umfang einer Fläche berechnest du **aus allen Seitenlängen** der Fläche.

**Beispiele**

Ein rechteckiges Grundstück ist 17 m lang und 13 m breit.
Es soll eingezäunt werden. Wie viel Meter Zaun werden benötigt?

Rechne so: $2 \cdot 17$ m = 34 m, $2 \cdot 13$ m = 26 m, 34 m + 26 m = 60 m

Der Umfang des Rechteckes beträgt 60 m.

Kennst du den Umfang (z. B. 70 m) und die Länge einer Seite (z. B. 13 m) eines rechteckigen Grundstückes, kannst du die fehlende Seite so berechnen:

70 m – 13 m – 13 m = 44 m, 44 m : 2 = 22 m

Die Länge der fehlenden Seite beträgt 22 m.

**1** Fülle die Tabelle aus. Es sind immer Rechtecke.

| | | | | | | |
|---|---|---|---|---|---|---|
| **Länge** | 23 m | 18 m | 61 m | 20 m | 5 m | 8 m |
| **Breite** | 11 m | | 62 m | | 1 m | |
| **Umfang** | | 50 m | | 78 m | | 18 m |

**2** Ingos Vater hat Holzleisten mit 1 m Länge. Ingo legt damit verschiedene Flächen. Wie groß ist der Umfang?

a) 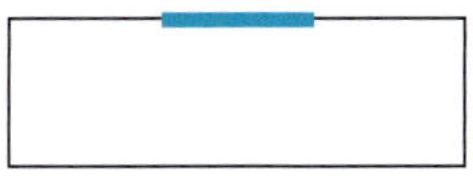 Umfang = ______ m

b) 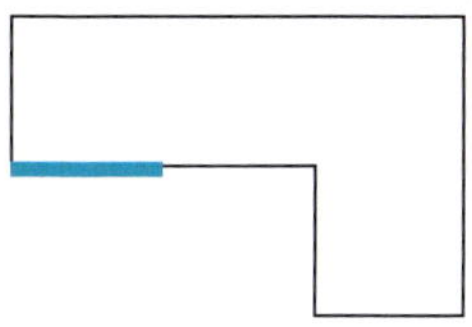 Umfang = ______ m

c) 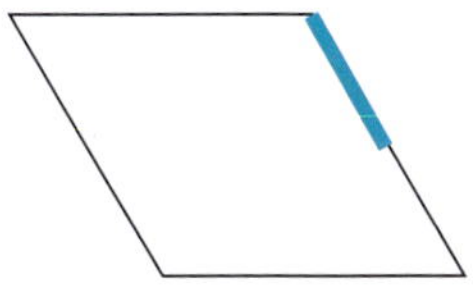 Umfang = ______ m

d) 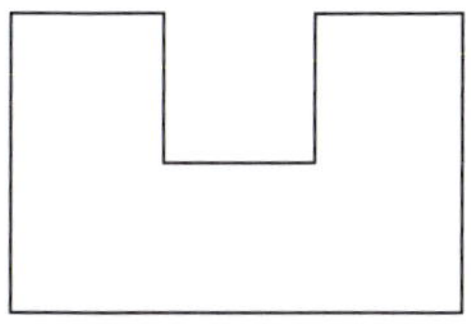 Umfang = ______ m

e) Wie viele Holzleisten hat Ingos Vater insgesamt, und wie viel Meter ergeben sie zusammen?

Antwort: ________________________________________

| Thema und Erklärungen | Beispiele |
|---|---|
| **Symmetrische Figuren**<br>Sie entstehen durch Falten oder Spiegeln. Symmetrische Figuren haben mindestens eine Spiegelachse. | 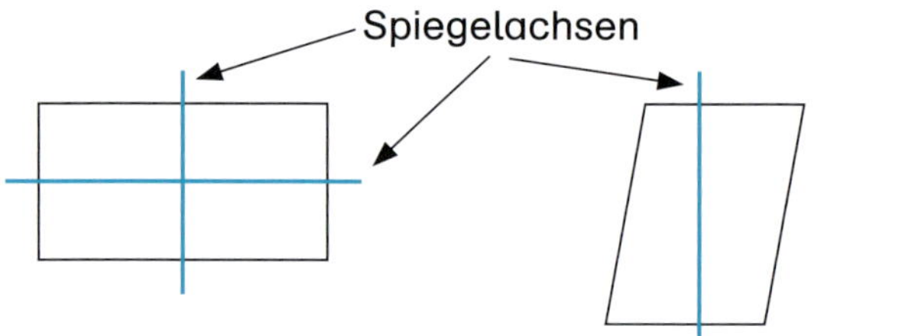<br>symmetrisch — nicht symmetrisch<br>Prüfe das mit einem Taschenspiegel. |
| **Würfel- und Quadernetze**<br>Die 6 Flächen von Würfeln oder Quadern kannst du dir aufgeklappt vorstellen. Diese Gebilde heißen Netze. | 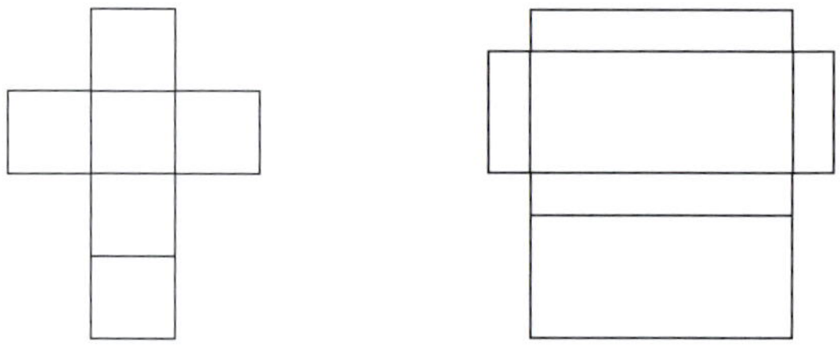<br>Würfelnetz — Quadernetz |
| **Parallele und senkrechte Linien**<br>Parallele Linien haben immer den gleichen Abstand zueinander. Mit dem Geodreieck kannst du überprüfen, ob eine Linie senkrecht auf einer zweiten Linie steht. | <br>parallel — senkrecht |
| **Vergrößern und verkleinern**<br>Figuren kannst du vergrößert oder verkleinert darstellen.<br>Ist eine Figur um **das Doppelte** vergrößert dargestellt, so ist sie im Maßstab **2** : 1 vergrößert. Der Maßstab bei einer **dreifachen** Vergrößerung heißt **3** : 1. | 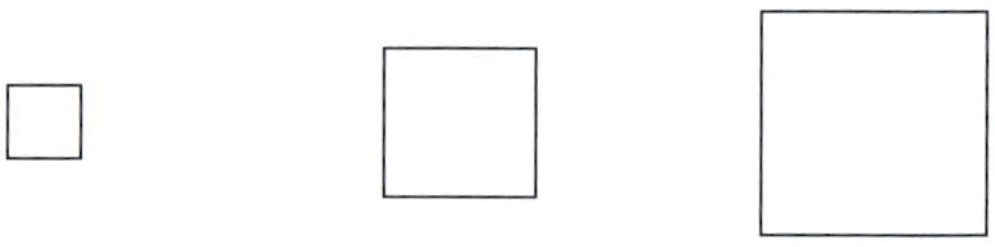<br>Original — Vergrößerung 2 : 1 — Vergrößerung 3 : 1<br>Entsprechend heißen die Verkleinerungsmaßstäbe 1 : 2, 1 : 3, 1 : 4 usw. |
| **Flächenumfang**<br>Die Gesamtlänge der Begrenzungslinie einer Fläche heißt Flächenumfang. | 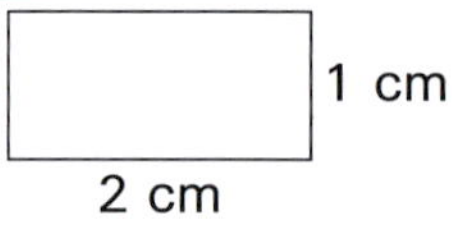<br>Das Rechteck hat einen Umfang von 6 cm.<br>Du berechnest den Umfang aus allen Seitenlinien einer Fläche. |

**Extra: online üben**

## Mach dich fit für den Test!

Du willst noch mehr üben? Kein Problem! Auf www.klett.de/lerndrachen-training findest du viele weitere Übungen zu diesem Kapitel. Wie du dich registrierst und die Übungen freischaltest, liest du auf Seite 2. Viel Erfolg!

**1** Spiegele die Figuren an der Spiegelachse.

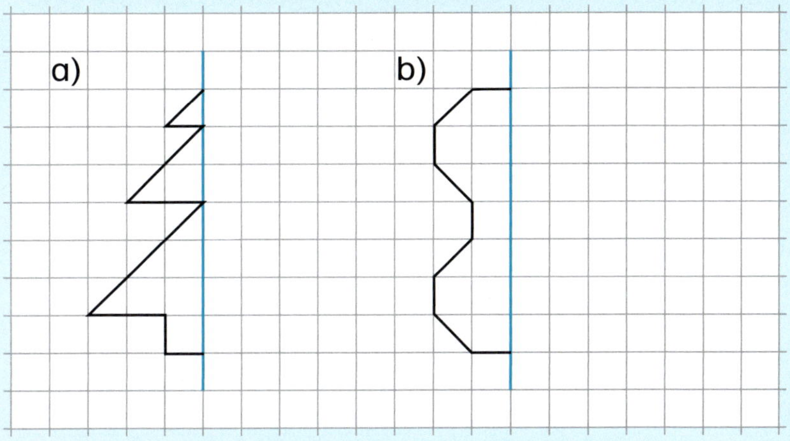


2 P

**2** Zeichne in die symmetrischen Figuren die Spiegelachsen ein.

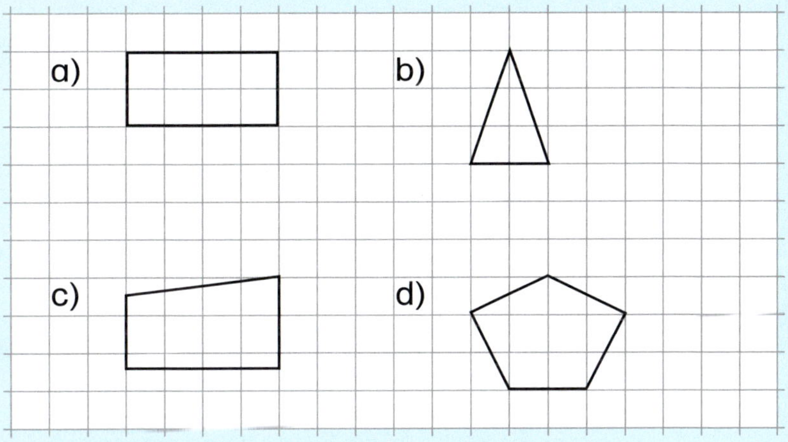


4 P

**3** Streiche die Netze durch, die nicht zu Würfel oder Quader zusammengefügt werden können.

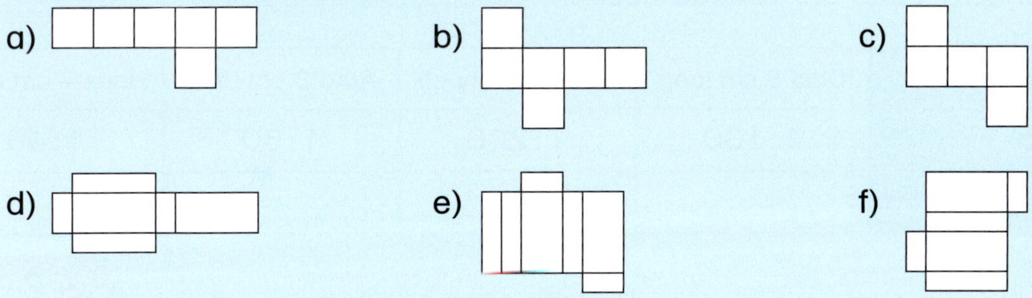


6 P

**4** Zeichne parallele Linien mit dem Rotstift nach.

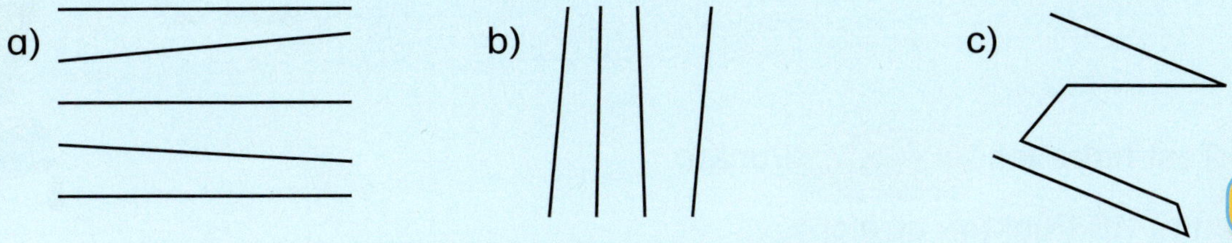


8 P

**5** Welche Linien stehen senkrecht auf der Grundlinie? Überprüfe mit dem Geodreieck, und zeichne die senkrechten Linien rot nach.

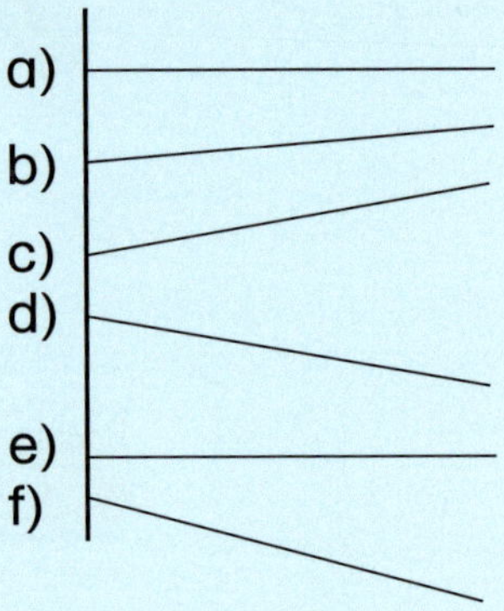


1 P

**6** Wie groß ist der Umfang dieser Fläche? Die grünen Linien sind jeweils 2 cm lang.

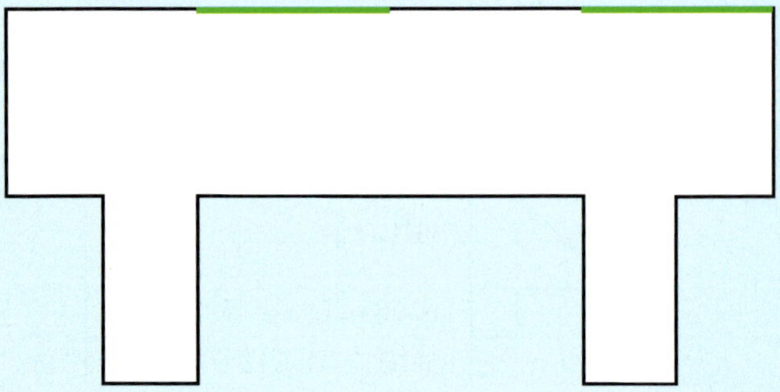

2 P

**7** Vergrößere die Figur im Maßstab 2 : 1.

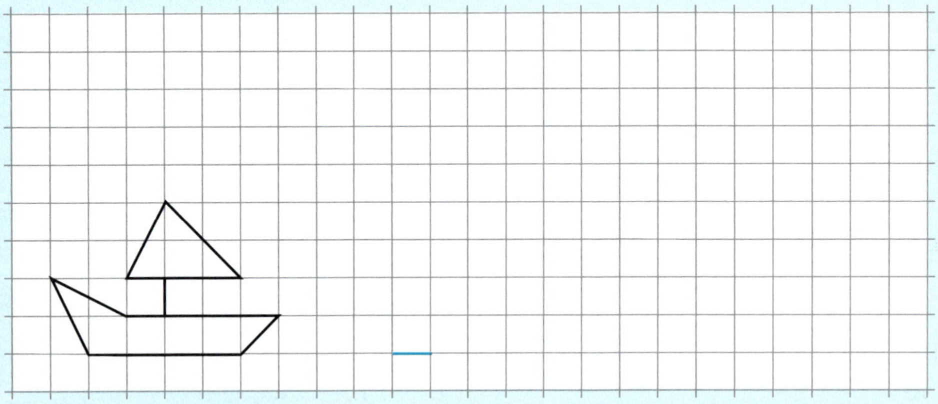

9 P

**8** Wie groß in Metern sind die Abbildungen in Wirklichkeit? Fülle die Tabelle aus.

| **Bild** | Dino 8 cm lang | Kran 6 cm hoch | Auto 6 cm lang | Haus 7 cm hoch |
|---|---|---|---|---|
| **Maßstab** | 1 : 100 | 1 : 200 | 1 : 60 | 1 : 40 |
| **Wirklichkeit, in m** | | | | |

4 P

In diesem Test habe ich ______ Punkte von insgesamt 36 Punkten erreicht.

In diesem Kapitel findest du Anwendungsaufgaben für das, was du gelernt hast. Das sind Aufgaben, die in Textform verfasst sind oder auch in Schaubildern (Diagrammen) versteckt sind.

## Textaufgaben mit Rechenplänen lösen

So löst du Textaufgaben:

1. Lies die Aufgaben **langsam** und **sorgfältig** durch. Frage dich: Habe ich die Aufgabenstellung verstanden? Weiß ich, was ich rechnen soll?
2. Überlege dir, wie du vorgehen willst. Entwirf einen **Rechenplan** als Lösungshilfe.
3. Führe deinen Plan aus. Achte dabei auf sauberes, **übersichtliches Anordnen** der Einzelrechnungen. Kennzeichne die **Zwischenergebnisse**, und überprüfe durch **Überschlag**, ob dein Ergebnis stimmen kann.

Hier siehst du, wie du einen Rechenplan erstellst:

Für ein Büro werden gekauft:

8 Bleistifte zu je 35 ct
5 Radiergummis zu je 65 ct
6 Kugelschreiber zu je 2,45 €

Wie viel kosten

a) alle Bleistifte?
b) alle Radiergummis?
c) alle Kugelschreiber?
d) Wie teuer ist alles zusammen?

**Beispiele**

Du kannst dir die Lösung durch einen Rechenplan verdeutlichen:

| Preis für Bleistifte | | Preis für Radiergummis | | Preis für Kugelschreiber | |
|---|---|---|---|---|---|
| 8 | 35 ct | 5 | 65 ct | 6 | 2,45 € |
| 280 ct | | 325 ct | | 14,70 € | |
| 20,75 € | | | | | |

**Gesamtpreis**

**1** Im Kinderzirkus kostet der erste Platz 5,50 €, der zweite Platz 4,50 € und der dritte Platz 3,25 €. Folgende Karten werden verkauft: 15 vom ersten, 21 vom zweiten und 30 vom dritten Platz.

a) Berechne die Einnahmen für jeden Platz.

b) Berechne die Gesamteinnahme. Fülle dazu den Rechenplan aus.

| | | | | | |
|---|---|---|---|---|---|
| | | | | | |
| | | | | | |
| | | | | | |

**2** Ein Wagen transportiert 4 Sorten von Kisten. Von der ersten Sorte wiegt jede Kiste 5 kg, von der zweiten jede 3,500 kg, von der dritten jede 1,750 kg und von der vierten jede 1,250 kg.
Von der ersten Sorte hat der Wagen 25, von der zweiten Sorte 12, von der dritten Sorte 9 und von der vierten Sorte 15 Kisten geladen.
Berechne das Gesamtgewicht.
Zeichne einen Rechenplan in dein Heft.

**3** Vater hat für einen Weinkauf 59,20 € bezahlt. Er kaufte 5 Flaschen für je 5,50 €, 6 Flaschen für je 3,75 € und 4 Flaschen einer dritten Sorte. Wie teuer war die 3. Sorte?

Rechne so:

a) Wie groß ist der Gesamtpreis für die ersten beiden Weinsorten?

b) Wie viel € hat der Vater von den 59,20 € für die 4 Flaschen der 3. Sorte insgesamt ausgegeben?

c) Was kostet eine Flasche der 3. Sorte?

Bei dieser Aufgabe musst du genau überlegen, welche Angaben der Text enthält und wo sie im Rechenplan einzutragen sind.

| 1. Sorte | | 2. Sorte | | 2. Sorte | |
|---|---|---|---|---|---|
| 5 | 5,50 € | 6 | 3,75 € | 4 | |
| | | | | | |
| 59,20 € | | | | | |

Für Könner!

**4** Vervollständige diese Rechenpläne.

a)

| | | | | | |
|---|---|---|---|---|---|
| 3 | | | 2,60 € | 4 | |
| 7,80 € | | 5,20 € | | 12,80 € | |
| | | | | | |

b)

| | | | | | |
|---|---|---|---|---|---|
| 2 | | | 1,30 € | 5 | |
| 11,80 € | | 3,90 € | | | |
| 29,20 € | | | | | |

## Streifen und Strecken als Lösungshilfe verwenden

Ein Lastwagen, der mit 26 gleich schweren Fässern beladen ist, wiegt 7 098 kg. Unbeladen wiegt er nur noch 2 912 kg.

a) Wie viel kg wiegen die 26 Fässer?

b) Wie schwer ist ein Fass?

**Beispiele**

Bei dieser Aufgabe kommst du mit einem Rechenplan nicht weiter. Dafür kann dir so ein Streifen helfen.

Gewicht des leeren Lkw **2 912 kg**

Gewicht der **26** Fässer

Gewicht des beladenen Lkw: **7 098 kg**

Gewicht der 26 Fässer:
**7 098 kg – 2 912 kg =** 4 186 kg

Gewicht eines Fasses:
4 186 kg **: 26 = 161 kg**

**1** Herr Huber kauft ein gebrauchtes Auto für 12 800 €. Er gibt seinen Wagen für 3 560 € in Zahlung. Den Rest will er in 12 gleichen Monatsraten bezahlen.

a) Welche Summe muss er in 12 Monatsraten bezahlen?

b) Wie groß ist jede Monatsrate? Auch hier hilft dir ein Streifen.

Übertrage die im Text gemachten Angaben in den Streifen.

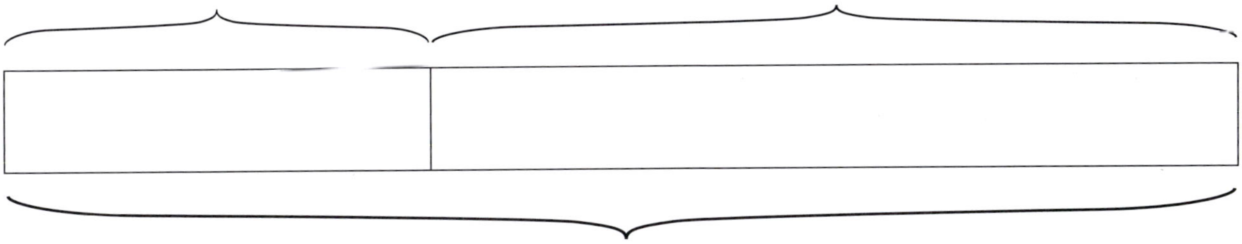

Für Könner!

**2** Tina will 150 € sparen. 46,50 € besitzt sie schon. Sie hat noch 23 Wochen Zeit. Wie viel müsste sie jede Woche sparen? Zeichne einen Streifen.

**3** Ein Zug fährt in A um 7.20 Uhr ab und kommt in B um 8.40 Uhr an. Von A nach B sind es 93,600 km. Der Zug hält nicht auf der Strecke.
Auch bei solchen Aufgaben macht eine Zeichnung den Sachverhalt deutlicher.

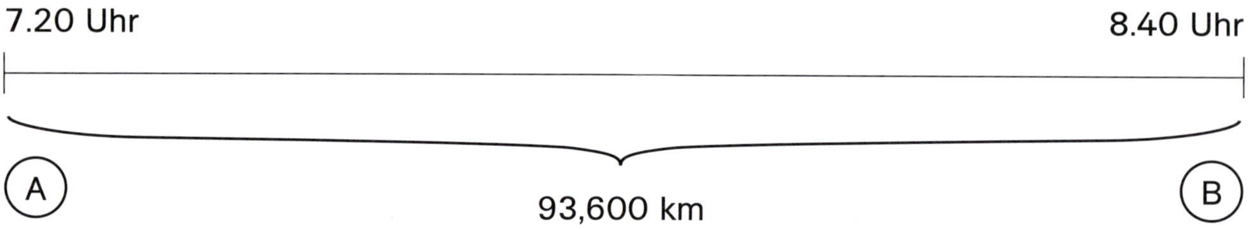


a) Wie lange fährt der Zug? (Du musst die Zeitspanne von 7.20 Uhr – 8.40 Uhr berechnen.)

b) Welche Strecke legt der Zug durchschnittlich in 1 Minute zurück? (Tipp: Für 93,600 km braucht er 80 min, wie viel km schafft er dann in 1 min?)

c) Welche Strecke legt er durchschnittlich in 1 Stunde zurück? (Bedenke: 1 h = 60 min)

**4** Ein Vertreter beginnt eine Fahrt mit dem Auto um 7.35 Uhr. Um 8.50 Uhr ist er am 153 km entfernten Ziel. Er fährt ohne Pause.

a) Ergänze die Zeichnung.

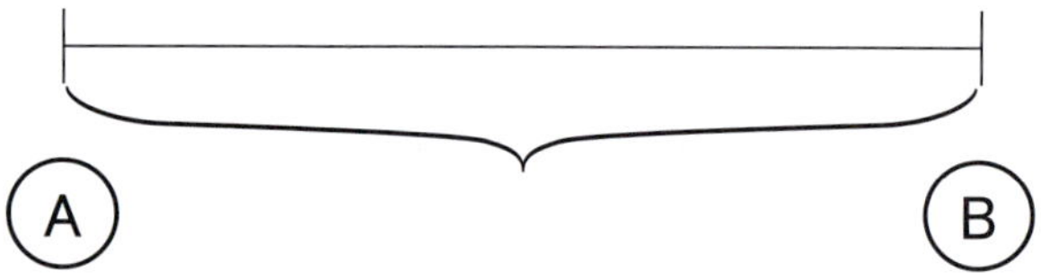


b) Berechne dazu die Fahrzeit.

c) Welche Strecke legt er durchschnittlich in 1 Minute zurück?

d) Welche Strecke fährt er durchschnittlich in 1 Stunde?

Für Könner!

**5** Finn fährt mit dem Fahrrad in 1 Stunde durchschnittlich 15 km. Sein Schulweg beträgt 2,750 km. Was kannst du also sofort in die Zeichnung eintragen?

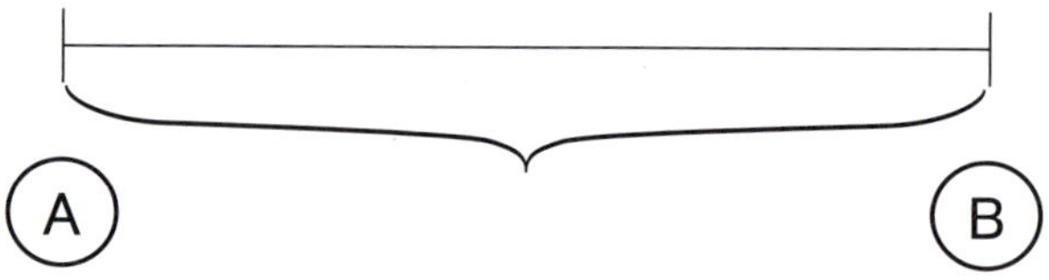


a) Wie viele km fährt er in 1 min? (Bedenke: 15 km fährt er in 1 Stunde und 1 h = 60 min.)

b) Welche Zeit benötigt er für den Schulweg? Überlege: Wenn er 0,250 km in 1 Minute schafft, dann braucht er für den Schulweg
2,750 km : _____ km = _____

c) Wann muss er spätestens aufbrechen, wenn er um 7.45 Uhr in der Schule sein will?

## Diagramme und Schaubilder

In Schaubildern oder Diagrammen kannst du **Sachverhalte darstellen** oder auch **ablesen**. Bei Säulen- oder Balkendiagrammen werden immer zwei Größen miteinander verknüpft. Die Höhe der Säule oder die Länge des Balkens muss gut ablesbar sein, denn sie stellt jeweils die Lösung dar.

**1** Max will in einem Säulendiagramm die Mittagstemperaturen der vergangenen Woche festhalten.

a) Vervollständige das Diagramm. Achte darauf, wie viel Grad Celsius er jeweils einem Kästchen zugeordnet hat. Diese Einteilung musst du auch verwenden.

b) Warum benötigst du ein Lineal?

| | |
|---|---|
| Montag: | 15 °C |
| Dienstag: | 20 °C |
| Mittwoch: | 18 °C |
| Donnerstag: | 20 °C |
| Freitag: | 16 °C |
| Samstag: | 19 °C |
| Sonntag: | 18 °C |

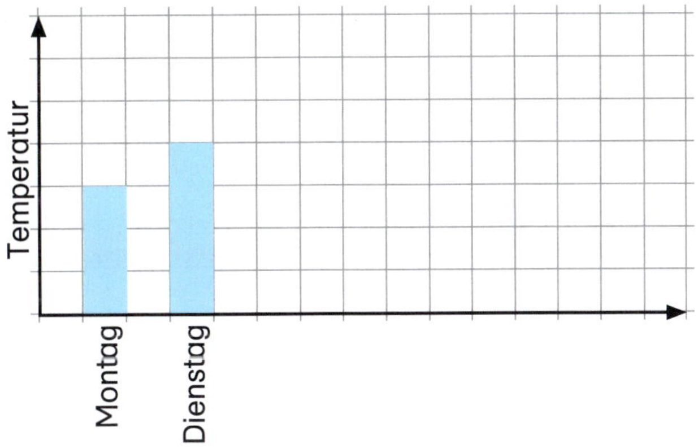


c) Die Durchschnittstemperatur in dieser Woche berechnest du, indem du alle Tagestemperaturen addierst und die Summe durch die Anzahl der Tage dividierst. Das Ergebnis heißt auch **Mittelwert**. Berechne den Mittelwert.

**2** Lina baut gerne Türme aus kleinen Holzwürfeln, bis sie umfallen. Sie hat das Spiel dreimal gespielt und folgende Ergebnisse erzielt. Jedes Kästchen stellt einen Würfel dar.

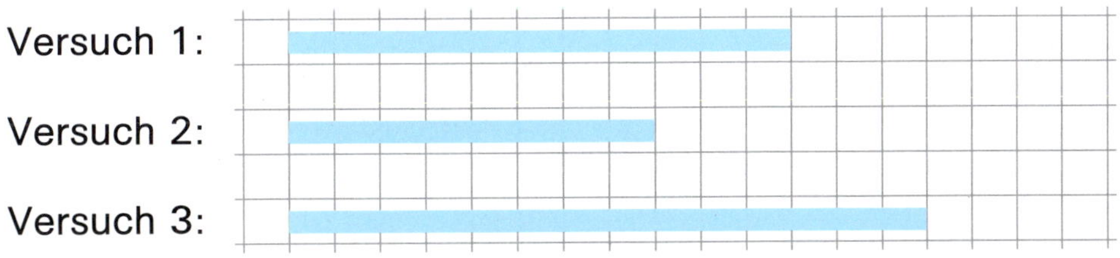


a) Schreibe hinter jeden Balken, wie viele Würfel der Turm jeweils hoch war.

b) Wie groß ist der Mittelwert?

**3** In diesem Diagramm sind die Zuschauerzahlen der letzten 5 Heimspiele von Yanniks Lieblingsmannschaft dargestellt.

a) Fülle die Tabelle aus!

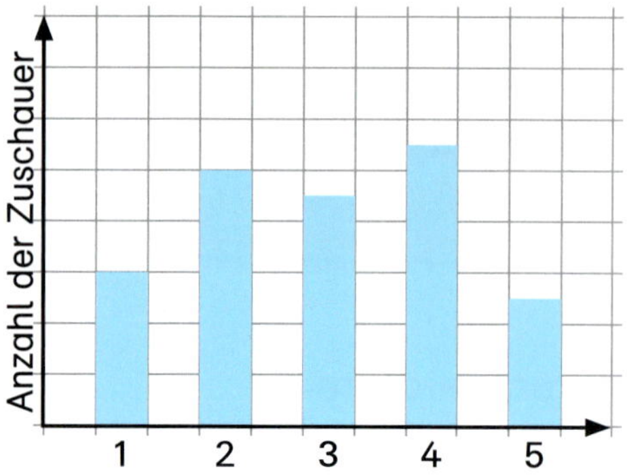


| Spiel Nr. | Zuschauer |
|---|---|
| 1 | 3000 |
| | |
| | |
| | |
| | |

b) Berechne die durchschnittliche Zuschauerzahl.

Für Könner!

**4** Erstelle wie in Aufgabe 3 ein Säulendiagramm für die Anzahl der Stunden, an denen die Sonne schien.

| Jan. | Feb. | März | April | Mai | Juni | Juli | Aug. | Sep. | Okt. | Nov. | Dez. |
|---|---|---|---|---|---|---|---|---|---|---|---|
| 84 | 66 | 87 | 82 | 91 | 98 | 72 | 94 | 78 | 66 | 61 | 74 |

1 cm entspricht 10 Stunden

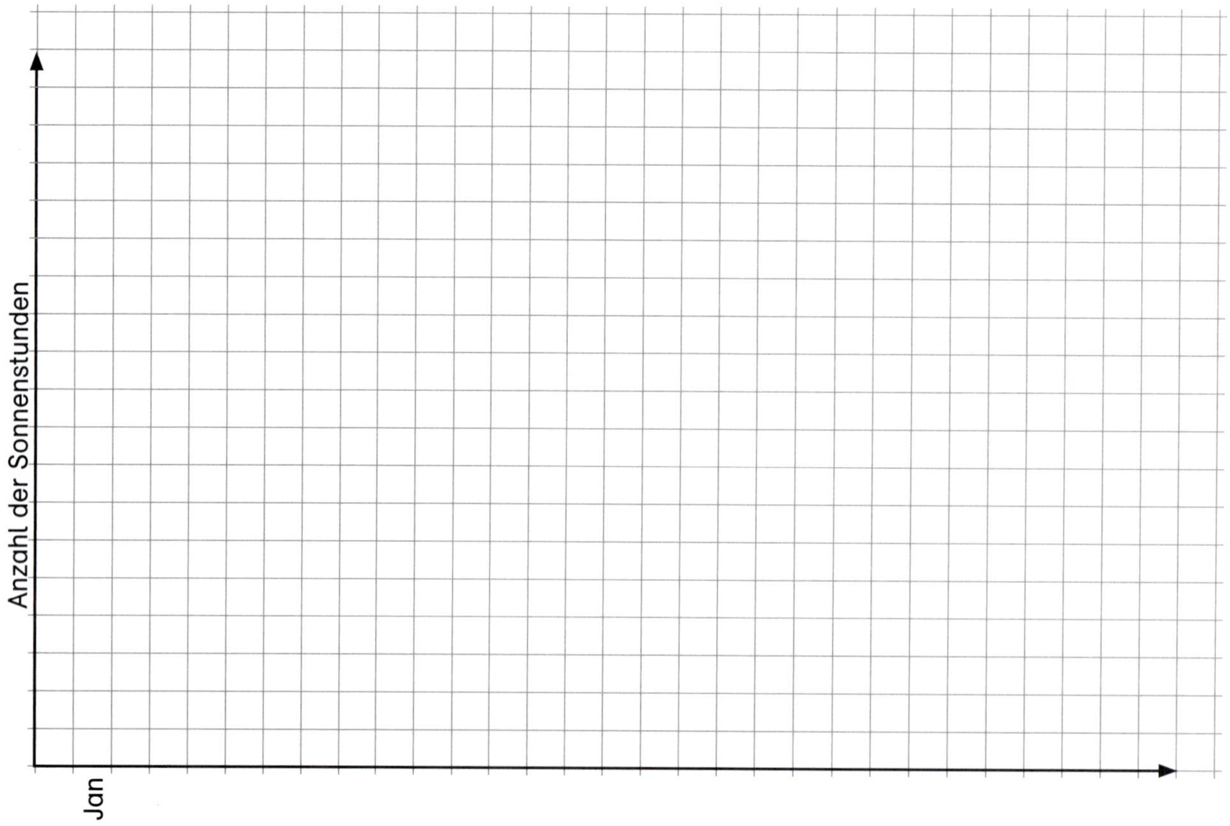

## Signalwörter

In den Texten vieler Aufgaben stehen Wörter, die dir verraten, welche Rechenart oder Rechenarten du anwenden kannst, um sie zu lösen. Achte auf Wörter wie „**hinzufügen**“, „**reduzieren**“, „**dreimal**“, „**verteilen**“ usw. Das sind **Signalwörter**, die Addition, Subtraktion, Multiplikation und Division verlangen.

**1** Jede der folgenden Aufgaben kannst du in zwei Rechenschritten lösen, wenn du die Signalwörter erkennst und entsprechend rechnest. Unterstreiche die Signalwörter.

a) Martin hat heute schon 97 Puzzlesteine in das Bild eingesetzt. Wenn er noch 53 Teile hinzufügt, muss er noch dreimal so viel einsetzen, bis er fertig ist.
Aus wie vielen Teilen besteht das Puzzle?

b) Inga überlegt: Wenn ich meine 96 grünen Perlen an Iris, Lea und mich verteile und anschließend jede ihre Perlen um 17 reduziert, dann hat jede von uns 15.
Prüfe nach, ob Inga recht hat.

**2** Unterstreiche auch in den nächsten beiden Aufgaben die Signalwörter, ehe du rechnest.

a) Frau Schneider kauft für ihre Klasse 116 Holzscheiben. An jedes Kind verteilt sie 4 Stück, damit sie Automodelle herstellen können.
Wie viele Kinder hat Frau Schneider in ihrer Klasse?

b) Familie Müller konnte im vergangenen Monat die Telefonkosten von 43,90 € um 7,27 € senken.
Wie hoch war die letzte Telefonrechnung?

**3** In der Autofabrik wurden in der letzten Stunde 55 Räder montiert. Zum Befestigen der Räder werden fünfmal so viele Radmuttern benötigt.
Ben will die Anzahl der Radmuttern wissen und rechnet:
55 : 5 = 11
Unterstreiche im Text das Signalwort, und berichtige Bens Rechnung.

Unterstreiche in den folgenden Aufgaben die Signalwörter.
Rechne dann im Heft.

**4** Kims kleine Schwester Lisa ist 1,23 m weit gesprungen. Ihr Bruder schaffte 46 cm mehr und Kim kam zweimal so weit wie Lisa. Wie weit sprangen Kims Bruder und Kim?

**5** Der Mond ist etwa neunmal so weit von der Erde entfernt, wie eine Reise um die Erde lang ist. Wie viele Kilometer ist der Mond von der Erde entfernt? Rechne mit einem Erdumfang von 40 000 km.

Für Könner!

**6** Leons Herz schlägt in 3 Stunden 12 240-mal. Lisas Herz schlägt in derselben Zeit 13 680-mal. Leon überlegt, wie oft jedes ihrer Herzen wohl pro Minute schlägt?

**7** Herr Schmitz hat 3 236 € auf seinem Konto. Er hebt 1 024 € ab, weil er einige Rechnungen zu bezahlen hat. Vier Tage später wird ihm sein Arbeitslohn in Höhe von 2 318 € überwiesen. Wie viel Euro hat er nun auf seinem Konto?

**8** Herr Müller hat heute 4 712 € in seinem Juwelierladen eingenommen. 4 000 € davon bringt er zur Bank. Die Hälfte des restlichen Betrages lässt er als Wechselgeld in der Kasse. 300 € erhält eine Aushilfskraft, und von dem übrig gebliebenen Betrag tankt er sein Auto auf. Wie viel bezahlt er fürs Tanken?

Für Könner!

**9** Der Wärter im Zoo gibt den vier Papageien monatlich 600 Erdnüsse als Leckerlein. Coco frisst 240 Stück, Lora nimmt sich vom Rest die Hälfte. Tilly reduziert die Menge, die noch da ist, um 90 Stück, und Minni frisst, was die anderen ihm übrig gelassen haben.

a) Wie viele Erdnüsse bekommt Minni?

b) Wie viele Erdnüsse frisst jeder Papagei pro Tag? Rechne den Monat mit 30 Tagen.

## Aufgabentexte finden

Textaufgaben sind **Rechenaufgaben**, die **als Geschichte** mit Wörtern aufgeschrieben sind. Wenn du nun Rechenaufgaben vor dir siehst und dir dazu eine Geschichte einfällt, die zur Aufgabe passt, hast du selbst eine Textaufgabe verfasst. Du kannst sie ja einmal deinen Eltern zur Lösung vorlegen.

**1** Welcher Text passt zur folgenden Aufgabe? Kreuze an.

Rechnung: 738 kg · 17 = ________________

- ☐ a) Ein 738 kg schwerer Lkw wurde 17-mal beladen. Wie schwer ist er?
- ☐ b) Eine Palette mit Steinen wiegt 738 kg. An einer Baustelle werden 17 Paletten benötigt. Wie viele kg wiegt die gesamte Ladung?
- ☐ c) Carina wiegt 17 kg. Wie schwer ist sie in 738 Tagen?
- ☐ d) Die Ladung eines Lkw ist 738 kg schwer. 17 kg kommen noch hinzu. Wie schwer ist die Ladung jetzt?

**2** Anna hat zu der folgenden Rechnung einen Aufgabentext geschrieben. Er enthält einen Fehler. Berichtige ihn.

Rechnung: 2 795 € : 5 = 559 €

Vier Lottospieler teilen sich ihren Gewinn von 2 795 €. Wie viel Euro bekommt jeder Spieler?

Für Könner!

**3** Welche Wörter kannst du nicht für den Text verwenden, der zu dieser Aufgabe passen soll? Streiche sie durch.

Rechnung: 6 067 € – 4250 € + 810 € = ___________

ausgegeben | gespart | verloren | mietet | kauft | erhält | kann | singt

Herr Meyer hat 6 067 € ________________. Er __________ sich für 4 250 € ein gebrauchtes Auto. Für sein altes Auto ___________ er noch 810 €. Wie viel Euro hat er nun noch auf seinem Sparbuch?

## Fragen ableiten

Nicht immer steht am Ende eines Aufgabentextes eine Frage. Wenn du die Aufgabe lösen willst, musst du dir erst klar darüber werden, **was die Aufgabe will.** Dabei ist es hilfreich, wenn du dir die Situation, die im Text beschrieben wird, vorstellst. Dann fällt dir sicher bald auch eine passende Frage ein. Beachte beim Rechnen, ob **Größenangaben** (€, kg, m usw.) genannt sind, und setze sie hinter die Zahlenangaben. Formuliere nach dem Rechnen eine **Antwort**, die genau zur Frage passt.

**1** Kathrin fährt jeden Morgen mit dem Fahrrad zur Schule. Sie braucht für die Strecke 13 Minuten. Heute fährt sie um 7.32 Uhr von zu Hause los.

Welche der folgenden Fragen passt zur Aufgabe? Kreuze an, und rechne dann.

☐ a) Wie lange braucht Kathrin heute für die Strecke?

☐ b) Um wie viel Uhr kommt Kathrin an der Schule an?

☐ c) Wie lang ist die Strecke zur Schule?

☐ d) Wann fährt Kathrin heute los?

Rechnung: ______________________________

Antwort: ______________________________

**2** Mutter hat im Supermarkt für insgesamt 36,96 € eingekauft. Sie bezahlt mit einem 50-€-Schein.

Kreuze die Frage an, die zum Aufgabentext passt.

☐ a) Wie viel Geld ist das insgesamt?

☐ b) Reicht das Geld, um die Rechnung zu bezahlen?

☐ c) Wie viel Geld bekommt Mutter zurück?

Rechnung: ______________________________

Antwort: ______________________________

## Pfeilbilder

Rechnungen, die über mehrere Schritte gehen, kannst du auch mit Pfeilbildern lösen. Die **Richtung der Pfeile** gibt dann auch die **Rechenrichtung** an.
Wenn du in die **entgegengesetzte Richtung** (rückwärts) rechnen musst, **verändert sich die Rechenart**. Die Aufgabe wird zur Umkehraufgabe. Aus + wird – aus – wird +, aus · wird **:** und aus **:** wird ·.

**1** Ein Mäppchen kostete vor 2 Wochen 15,95 €. Eine Woche später wurde es zum Sonderpreis für 2,45 € weniger angeboten. Gestern wurde der Preis noch einmal um 1,29 € gesenkt. Wie viel kostet das Mäppchen nun?

Fülle die Kästchen aus, und rechne.

15,95 € → (– ______ €) → ______ € → (– ______ €) → ______ €

Für Könner!

**2** Vor drei Tagen bekam Lisa 4,50 € Taschengeld. Davon kaufte sie sich für 1,25 € Süßigkeiten. Oma verdreifachte Lisas übrig gebliebenes Geld. Wie viel hat Lisa jetzt?

4,50 € → (– ______ €) → ______ € → (· ______) → ______ €

**3** Nils wiegt heute 31 kg. Zuvor im Urlaub hat er zuerst 400 g abgenommen, später aber wieder 1,2 kg zugenommen. Wie viel wog er vor dem Urlaub?

______ kg → (– ______ g) → ______ kg → (+ ______ g) → 31 kg

______ kg ← (+ ______ g) ← ______ kg ← (– ______ g) ← 31 kg

| Thema und Erklärungen | Beispiele |
|---|---|

**Rechenpläne**
Viele Textaufgaben lassen sich mit Rechenplänen leichter lösen.

Vater kauft 4 Flaschen Wein zu je 5 € und 3 zu je 8 €. Wie viel muss er bezahlen?

| 1. Sorte | | 2. Sorte | |
|---|---|---|---|
| 4 | 5,00 € | 3 | 8,00 € |
| 20,00 € | | 24,00 € | |
| 44,00 € | | | |

**Diagramme oder Schaubilder**
An der Höhe der Säulen oder der Länge der Balken kannst du die Lösungen ablesen. Du musst aber die Werte der Einheiten kennen.

Wenn 1 cm 1 000 Menschen darstellen soll, dann zeigt der Balken im Diagramm 3 400 Menschen, denn er ist 3,4 cm lang.

**Signalwörter**
Achte auf Signalwörter, die dir zeigen, welche Rechenart nötig ist.

Für die **Addition** können das sein: insgesamt, hinzufügen, plus, dazugeben, einzahlen ...

Für die **Subtraktion** können das sein: abziehen, wegnehmen, reduzieren, verringern, verkleinern, abheben ...

Für die **Multiplikation** können das sein: verdoppeln, dreifach, mal ...

Für die **Division** können das sein: teilen, verteilen, aufteilen, Hälfte, Teil ...

**Pfeilbilder**
Mehrschrittige Rechnungen kannst du mit Pfeilbildern lösen. Achte auf die Pfeilrichtung. Bei entgegengesetzter Pfeilrichtung wird aus einer Aufgabe eine Umkehraufgabe.

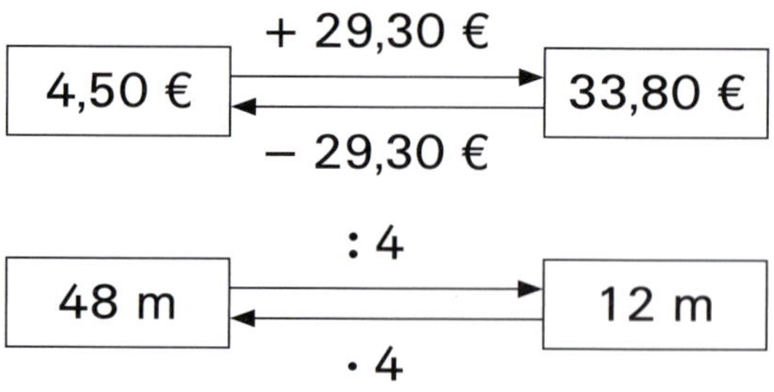


## Extra: online üben

### Mach dich fit für den Test!

Du willst noch mehr üben? Kein Problem! Auf www.klett.de/lerndrachen-training findest du viele weitere Übungen zu diesem Kapitel. Wie du dich registrierst und die Übungen freischaltest, liest du auf Seite 2. Viel Erfolg!

**1** Für ihre Klasse kauft Frau Müller 24 Hefte zu je 0,65 € und 12 Blöcke zu je 0,48 €. Wie viel bezahlt sie? Fülle den Rechenplan aus, und rechne.

| Hefte | | Blöcke | |
|---|---|---|---|
| | € | | € |
| € | | € | |
| € | | | |

7 P

**2** Betrachte das Schaubild, und fülle die Tabelle aus.

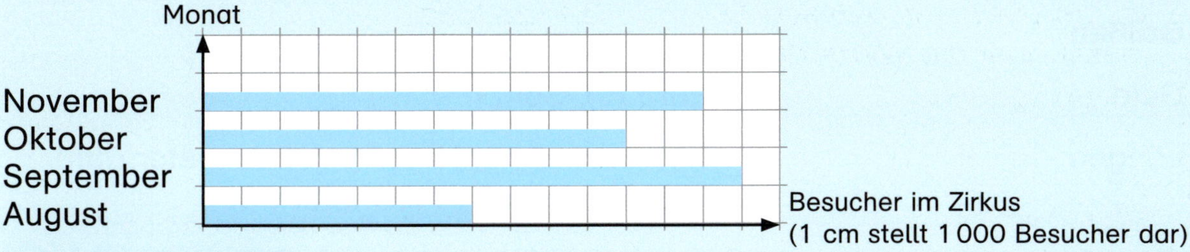


| **Monat** | | | | |
|---|---|---|---|---|
| **Zirkusbesucher** | | | | |

4 P

**3** Unterstreiche die Signalwörter, und rechne im Heft.

Familie Buchholz (Eltern und Ingo) plant einen zweiwöchigen Urlaub. Der Flug kostet dreimal 427 €. Hinzu kommt der Preis für das Hotel. Es kostet pro Woche für die ganze Familie 638 €. Wie viel kostet der gesamte Urlaub?

Antwort: ______________________________

7 P

**4** Tanja und Britta haben sich verabredet. Tanja schafft mit ihrem Rad 18 km in der Stunde. Britta hat Gegenwind. Sie schafft nur 14 km in der Stunde. Nach einer halben Stunde treffen sie sich.

Kreuze die passende Frage an, und rechne im Heft.

5 P

☐ a) Wer von beiden fährt schneller?

☐ b) Wie viel km wohnen die beiden voneinander entfernt?

In diesem Test habe ich ______ Punkte von insgesamt 23 Punkten erreicht.

## Grundrechenarten

| | |
|---|---|
| Addition / addieren (zusammenzählen) | Summand + Summand = Summe<br>plus |
| Subtraktion / subtrahieren (abziehen) | Minuend – Subtrahend = Differenz<br>minus |
| Multiplikation / multiplizieren (malnehmen) | Faktor · Faktor = Produkt<br>mal |
| Division / dividieren (teilen) | Dividend : Divisor = Quotient<br>geteilt durch |

## Größen

| | |
|---|---|
| Geld | Euro (€), Cent (ct) |
| Längen | Kilometer (km), Meter (m), Dezimeter (dm), Zentimeter (cm), Millimeter (mm) |
| Gewichte | Tonne (t), Kilogramm (kg), Gramm (g) |
| Volumen (Hohlmaße) | Liter (l), Milliliter (ml) |
| Zeit | Stunde (h), Minute (min), Sekunde (s) |

## Geometrie

Linien

Strecke 

Strahl 

Senkrechte 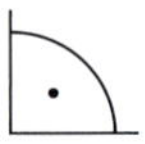

Parallele 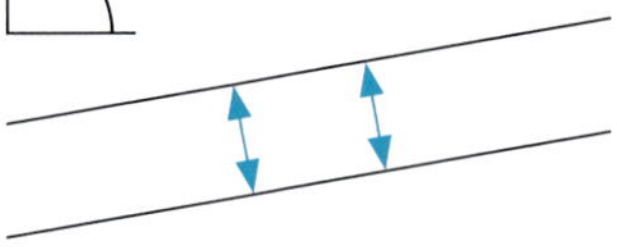

Flächen

Quadrat 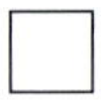 Rechteck 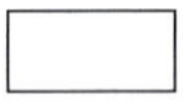

Kreis  Dreieck 

Symmetrieachse 

Körper

Würfel 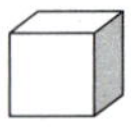 Quader 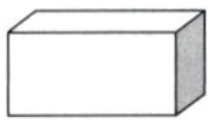

Körpernetze 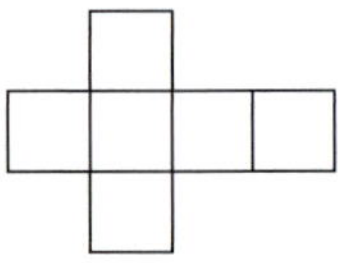

Hans Bergmann, Detlev Heuchert

# Mein großes Trainingsbuch Mathematik 4. Klasse

## Lösungen

Klett Lerntraining

Druck: Mediahaus Biering GmbH, München
Printed in Germany
Beilage zu 978-3-12-929377-5

## Seite 6

1. a) 16, 36, 76, 96  b) 7, 27, 57, 37  c) 41, 39, 83, 75

| | a) | b) | c) |
|---|---|---|---|
| 1. | 16 | 7 | 41 |
| | 36 | 27 | 39 |
| | 76 | 57 | 83 |
| | 96 | 37 | 75 |
| 2. | 130 | 70 | 110 |
| | 170 | 70 | 70 |
| | 110 | 70 | 130 |
| | 130 | 90 | 60 |
| 3. | 910 | 580 | 260 |
| | 710 | 790 | 180 |
| | 210 | 360 | 920 |
| | 800 | 490 | 390 |

## Seite 7

1. a) 3 + 5 + 7 = 15
   8 + 1 + 6 = 15
   b) 9 + 5 + 1 = 15
   2 + 7 + 6 = 15
   c) 8 + 5 + 2 = 15

2. b) ist **kein** magisches Quadrat.
   Richtig:

| | | |
|---|---|---|
| 8 | 9 | 4 |
| 3 | 7 | 11 |
| 10 | **5** | 6 |

3. a)

| | | |
|---|---|---|
| 70 | **120** | 50 |
| **60** | **80** | **100** |
| **110** | **40** | 90 |

b)

| | | |
|---|---|---|
| 130 | **80** | **90** |
| **60** | 100 | 140 |
| **110** | **120** | **70** |

c)

| | | |
|---|---|---|
| **9** | **14** | 13 |
| 16 | 12 | **8** |
| **11** | **10** | **15** |

d)

| | | |
|---|---|---|
| **17** | **12** | 13 |
| **10** | 14 | **18** |
| **15** | **16** | 11 |

## Seite 8

1. Der Fehler steckt in Tabelle b).
   Richtig:

| | | |
|---|---|---|
| 30 | 12 | 18 |
| 14 | 7 | 7 |
| 16 | **5** | 11 |

2. a)

| | | |
|---|---|---|
| 120 | 140 | **260** |
| 110 | 90 | **200** |
| **230** | **230** | **460** |

b)

| | | |
|---|---|---|
| 180 | 70 | **250** |
| 90 | 150 | **240** |
| **270** | **220** | **490** |

c)

| | | |
|---|---|---|
| 55 | 15 | **40** |
| 40 | 8 | **32** |
| **15** | **7** | **8** |

3. a)

| | | |
|---|---|---|
| **151** | 31 | 182 |
| 44 | **81** | **125** |
| 195 | **112** | 307 |

b)

| | | |
|---|---|---|
| 419 | **31** | **388** |
| **96** | 15 | 81 |
| **323** | 16 | 307 |

## Seite 9

1. a) 84 + 19 = 94 + 9 = 103
   46 + 28 = 66 + 8 = 74
   39 + 45 = 79 + 5 = 84
   72 + 19 = 82 + 9 = 91
   b) 92 − 27 = 72 − 7 = 65
   81 − 49 = 41 − 9 = 32
   45 − 28 = 25 − 8 = 17
   51 − 26 = 31 − 6 = 25
   c) 79 + 17 = 89 + 7 = 96
   83 − 45 = 43 − 5 = 38
   24 + 39 = 54 + 9 = 63
   74 − 55 = 24 − 5 = 19

2. a) 420 + 95 = 510 + 5 = 515
   370 + 84 = 450 + 4 = 454
   250 + 76 = 320 + 6 = 326
   720 + 91 = 810 + 1 = 811
   b) 410 − 96 = 320 − 6 = 314
   820 − 38 = 790 − 8 = 782
   240 − 56 = 190 − 6 = 184
   540 − 65 = 480 − 5 = 475
   c) 360 + 77 = 430 + 7 = 437
   250 − 63 = 190 − 3 = 187
   170 + 45 = 210 + 5 = 215
   210 − 88 = 130 − 8 = 122

## Seite 10

1. a) 60 + 28 = 88
   70 + 34 = 104
   80 + 18 = 98
   b) 70 − 37 = 33
   60 − 45 = 15
   60 − 28 = 32

2. a) 54 + 40 = 94
   33 + 60 = 93
   38 + 40 = 78
   b) 64 − 40 = 24
   71 − 60 = 11
   93 − 70 = 23

## Seite 11

1. a)

| + | 8 | 12 | 15 | 25 |
|---|---|---|---|---|
| 27 | 35 | 39 | 42 | 52 |
| 43 | 51 | 55 | 58 | 68 |
| 55 | 63 | 67 | 70 | 80 |
| 38 | 46 | 50 | 53 | 63 |

b)

| − | 80 | 120 | 150 | 250 |
|---|---|---|---|---|
| 270 | 190 | 150 | 120 | 20 |
| 430 | 350 | 310 | 280 | 180 |
| 550 | 470 | 430 | 400 | 300 |
| 380 | 300 | 260 | 230 | 130 |

2. a)

| + | 60 | 23 | 32 | 17 |
|---|---|---|---|---|
| 340 | 400 | 363 | 372 | 357 |
| 660 | 720 | 683 | 692 | 677 |
| 410 | 470 | 433 | 442 | 427 |
| 790 | 850 | 813 | 822 | 807 |

b)

| − | 60 | 23 | 32 | 17 |
|---|---|---|---|---|
| 340 | 280 | 317 | 308 | 323 |
| 660 | 600 | 637 | 628 | 643 |
| 410 | 350 | 387 | 378 | 393 |
| 790 | 730 | 767 | 758 | 773 |

c)

| + | 50 | 90 | 80 | 40 |
|---|---|---|---|---|
| 110 | 160 | 200 | 190 | 150 |
| 480 | 530 | 570 | 560 | 520 |
| 220 | 270 | 310 | 300 | 260 |
| 340 | 390 | 430 | 420 | 380 |

d)

| − | 50 | 90 | 80 | 40 |
|---|---|---|---|---|
| 110 | 60 | 20 | 30 | 70 |
| 480 | 430 | 390 | 400 | 440 |
| 220 | 170 | 130 | 140 | 180 |
| 340 | 290 | 250 | 260 | 300 |

## Seiten 12 – 14

1. a) 7
   70
   700
   7000
   b) 2
   20
   200
   2000

2. a) 32000 + 16000 = 48000
   32 + 16 = 48
   45000 + 9000 = 54000
   45 + 9 = 54
   87000 + 12000 = 99000
   87 + 12 = 99
   b) 47000 − 5000 = 42000
   47 − 5 = 42
   62000 − 18000 = 44000
   62 − 18 = 44
   41000 − 19000 = 22000
   41 − 19 = 22

c) 16000 + 7000 = 23000
16 + 7 = 23
29000 − 14000 = 15000
29 − 14 = 15
35000 + 26000 = 61000
35 + 26 = 61

3. a) 4200 + 900 = 5100
42 + 9 = 51
700 + 8600 = 9300
7 + 86 = 93
6700 + 500 = 7200
67 + 5 = 72

b) 6340 + 80 = 6420
634 + 8 = 642
7920 + 90 = 8010
792 + 9 = 801
650 + 120 = 770
65 + 12 = 77

c) 5320 − 70 = 5250
532 − 7 = 525
4840 − 90 = 4750
484 − 9 = 475
6700 − 800 = 5900
67 − 8 = 59

4. a) 4335 + 90 = 4425
335 + 90 = 425
5147 + 70 = 5217
147 + 70 = 217
6244 + 80 = 6324
244 + 80 = 324

b) 9145 + 250 = 9395
145 + 250 = 395
6271 + 320 = 6591
271 + 320 = 591
7515 + 150 = 7665
515 + 150 = 665

c) 4375 − 80 = 4295
375 − 80 = 295
5125 − 40 = 5085
125 − 40 = 85
6721 − 90 = 6631
721 − 90 = 631

5. a) 4800 + 580 = ?
5300 + 80 = 5380
oder
5000 + 380 = 5380

7600 + 490 = ?
8000 + 90 = 8090

6800 + 760 = ?
7500 + 60 = 7560
oder
7000 + 560 = 7560

b) 5600 + 820 = ?
6400 + 20 = 6420
oder
6000 + 420 = 6420

6800 + 470 = ?
7200 + 70 = 7270
oder
7000 + 270 = 7270

3700 + 960 = ?
4600 + 60 = 4660
oder
4000 + 660 = 4660

6. a) 7300 − 860 = ?
6500 − 60 = 6440
oder
7000 − 560 = 6440

6400 − 750 = ?
5700 − 50 = 5650
oder
6000 − 350 = 5650

8200 − 430 = ?
7800 − 30 = 7770
oder
8000 − 230 = 7770

9500 − 620 = ?
8900 − 20 = 8880
oder
9000 − 120 = 8880

b) 8100 − 350 = ?
7800 − 50 = 7750
oder
8000 − 250 = 7750

6300 − 480 = ?
5900 − 80 = 5820
oder
6000 − 180 = 5820

7200 − 560 = ?
6700 − 60 = 6640
oder
7000 − 360 = 6640

8200 − 840 = ?
7400 − 40 = 7360
oder
8000 − 640 = 7360

7. a) 9320 + 680 = 10000
8450 + 550 = 9000
7260 + 740 = 8000
8150 + 850 = 9000

## Seiten 12 – 14

7. b) 6 370 + 630 = 7 000
4 140 + 860 = 5 000
2 530 + 470 = 3 000
6 150 + 850 = 7 000

8. a) (+ →, − ↓)

| | | |
|---|---|---|
| 8 400 | 960 | 9 360 |
| 340 | 660 | 1 000 |
| 8 060 | 300 | 8 360 |

b) (− →, − ↓)

| | | |
|---|---|---|
| 67 000 | 35 000 | 32 000 |
| 41 000 | 29 000 | 12 000 |
| 26 000 | 6 000 | 20 000 |

9. a) Du erhältst die Zahl 7 600.
b) Die Zahl ist insgesamt um 2 800 gewachsen.
c) 4 800 + 7 · 400 = ?
4 800 + 2 800 = 7 600

## Seite 15

1. a)

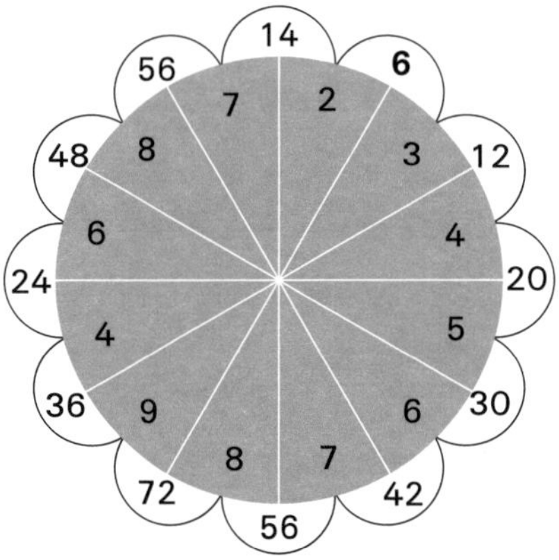


b)

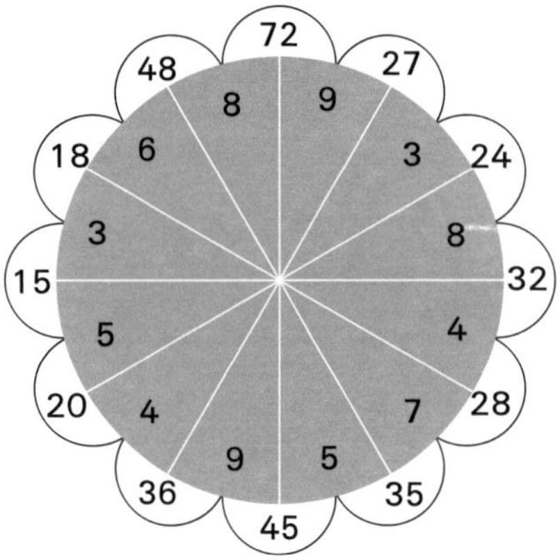


2. a)

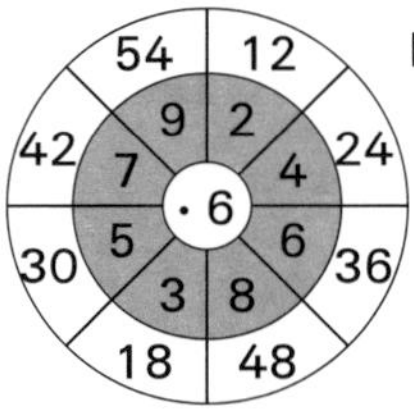


b)

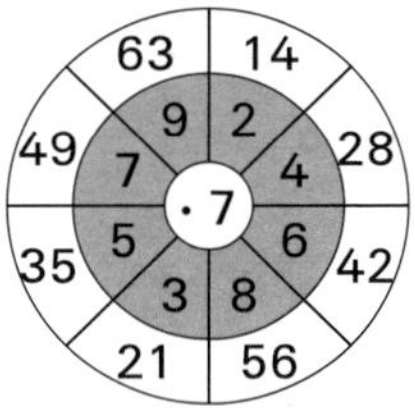


c)

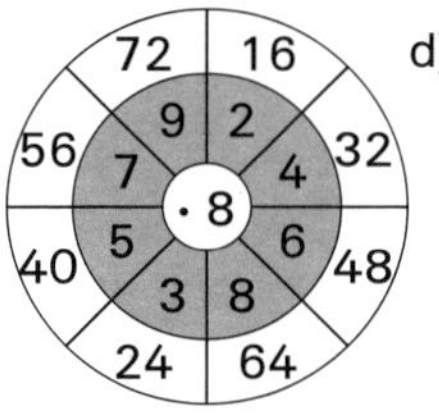


d)

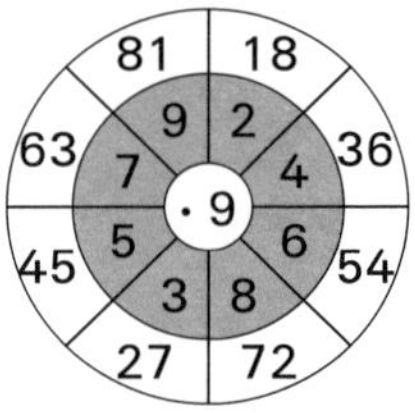


3. a)

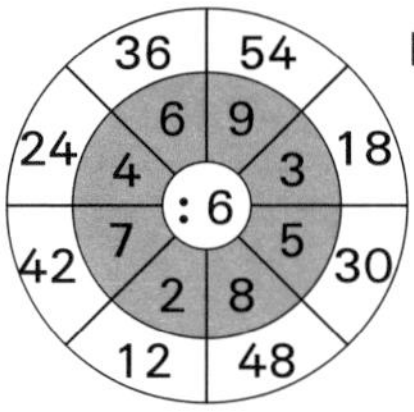


b)

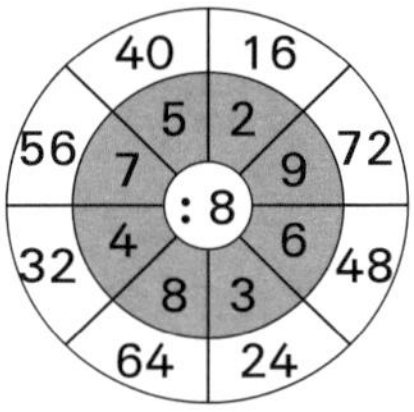


c)

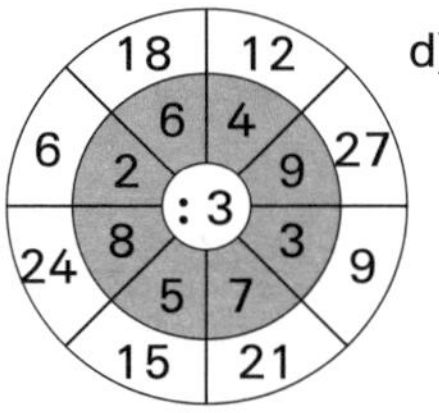


d)

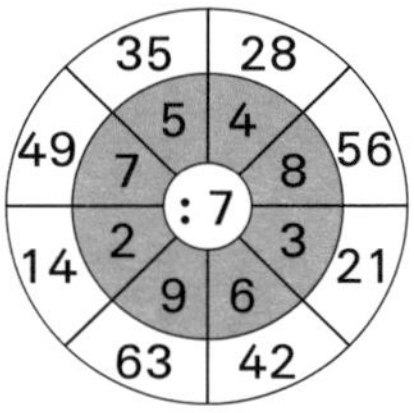


## Seiten 16 – 17

1. a)

| · | 100 | 10 | 1 000 | 10 000 |
|---|---|---|---|---|
| 25 | 2 500 | 250 | 25 000 | 250 000 |
| 7 | 700 | 70 | 7 000 | 70 000 |
| 135 | 13 500 | 1 350 | 135 000 | 1 350 000 |
| 50 | 5 000 | 500 | 50 000 | 500 000 |

b)

| : | 1 000 | 10 | 100 |
|---|---|---|---|
| 37 000 | 37 | 3 700 | 370 |
| 180 000 | 180 | 18 000 | 1 800 |
| 90 000 | 90 | 9 000 | 900 |
| 72 000 | 72 | 7 200 | 720 |

2. a) 7 · 500 = 3500
7 · 5 = 35
6 · 9000 = 54000
6 · 9 = 54
8 · 1200 = 9600
8 · 12 = 96

b) 9 · 70 = 630
9 · 7 = 63
5 · 800 = 4000
5 · 8 = 40
6 · 9000 = 54000
6 · 9 = 54

c) 250 : 5 = 50
25 : 5 = 5
4500 : 9 = 500
45 : 9 = 5
12000 : 6 = 2000
12 : 6 = 2

3. a)

| · | 40 | 300 | 7000 |
|---|---|---|---|
| 15 | 600 | 4500 | 105000 |
| 7 | 280 | 2100 | 49000 |
| 9 | 360 | 2700 | 63000 |
| 12 | 480 | 3600 | 84000 |

b)

| : | 4 | 6 | 12 |
|---|---|---|---|
| 24000 | 6000 | 4000 | 2000 |
| 6000 | 1500 | 1000 | 500 |
| 720 | 180 | 120 | 60 |
| 36000 | 9000 | 6000 | 3000 |

4. a) 500 · 40 = 20000
5 · 4 = 20
70 · 8000 = 560000
7 · 8 = 56
120 · 600 = 72000
12 · 6 = 72
500 · 800 = 400000
5 · 8 = 40

b) 7200 : 80 = 90
720 : 8 = 90
7200 : 800 = 9
72 : 8 = 9
4500 : 50 = 90
450 : 5 = 90
4500 : 500 = 9
45 : 5 = 9

c) 81000 : 90 = 900
8100 : 9 = 900
5600 : 80 = 70
560 : 8 = 70
420 : 60 = 7
42 : 6 = 7
48000 : 6000 = 8
48 : 6 = 8

d)

| · | 50 | 600 | 7000 |
|---|---|---|---|
| 70 | 3500 | 42000 | 490000 |
| 800 | 40000 | 480000 | 5600000 |
| 40 | 2000 | 24000 | 280000 |
| 200 | 10000 | 120000 | 1400000 |

e)

| : | 30 | 200 | 600 |
|---|---|---|---|
| 7200 | 240 | 36 | 12 |
| 18000 | 600 | 90 | 30 |
| 2400 | 80 | 12 | 4 |
| 12000 | 400 | 60 | 20 |

## Seiten 18 – 19

1. a) 139 · 7
100 · 7 = 700
+ 30 · 7 = 210
+ 9 · 7 = 63
139 · 7 = 973

523 · 4
500 · 4 = 2000
+ 20 · 4 = 80
+ 3 · 4 = 12
523 · 4 = 2092

621 · 7
600 · 7 = 4200
+ 20 · 7 = 140
+ 1 · 7 = 7
621 · 7 = 4347

317 · 9
300 · 9 = 2700
+ 10 · 9 = 90
+ 7 · 9 = 63
317 · 9 = 2853

b) 241 · 6
200 · 6 = 1200
+ 40 · 6 = 240
+ 1 · 6 = 6
241 · 6 = 1446

## Seiten 18 – 19

zu

1. b)

$$
\begin{array}{lrcr}
 & \underline{824 \cdot 5} & & \\
 & 800 \cdot 5 & = & 4000 \\
+ & 20 \cdot 5 & = & 100 \\
+ & 4 \cdot 5 & = & 20 \\
\hline
 & 824 \cdot 5 & = & 4120
\end{array}
$$

$$
\begin{array}{lrcr}
 & \underline{937 \cdot 8} & & \\
 & 900 \cdot 8 & = & 7200 \\
+ & 30 \cdot 8 & = & 240 \\
+ & 7 \cdot 8 & = & 56 \\
\hline
 & 937 \cdot 8 & = & 7496
\end{array}
$$

$$
\begin{array}{lrcr}
 & \underline{425 \cdot 6} & & \\
 & 400 \cdot 6 & = & 2400 \\
+ & 20 \cdot 6 & = & 120 \\
+ & 5 \cdot 6 & = & 30 \\
\hline
 & 425 \cdot 6 & = & 2550
\end{array}
$$

c)

$$
\begin{array}{lrcr}
 & \underline{148 \cdot 3} & & \\
 & 100 \cdot 3 & = & 300 \\
+ & 40 \cdot 3 & = & 120 \\
+ & 8 \cdot 3 & = & 24 \\
\hline
 & 148 \cdot 3 & = & 444
\end{array}
$$

$$
\begin{array}{lrcr}
 & \underline{534 \cdot 9} & & \\
 & 500 \cdot 9 & = & 4500 \\
+ & 30 \cdot 9 & = & 270 \\
+ & 4 \cdot 9 & = & 36 \\
\hline
 & 534 \cdot 9 & = & 4806
\end{array}
$$

$$
\begin{array}{lrcr}
 & \underline{712 \cdot 6} & & \\
 & 700 \cdot 6 & = & 4200 \\
+ & 10 \cdot 6 & = & 60 \\
+ & 2 \cdot 6 & = & 12 \\
\hline
 & 712 \cdot 6 & = & 4272
\end{array}
$$

$$
\begin{array}{lrcr}
 & \underline{453 \cdot 8} & & \\
 & 400 \cdot 8 & = & 3200 \\
+ & 50 \cdot 8 & = & 400 \\
+ & 3 \cdot 8 & = & 24 \\
\hline
 & 453 \cdot 8 & = & 3624
\end{array}
$$

2. a) $235 \cdot 7 = 1400 + 210 + 35 = 1645$

$412 \cdot 8 = 3200 + 80 + 16 = 3296$

$521 \cdot 3 = 1500 + 60 + 3 = 1563$

$216 \cdot 5 = 1000 + 50 + 30 = 1080$

b) $137 \cdot 5 = 500 + 150 + 35 = 685$

$217 \cdot 3 = 600 + 30 + 21 = 651$

$429 \cdot 4 = 1600 + 80 + 36 = 1716$

$832 \cdot 6 = 4800 + 180 + 12 = 4992$

c) $625 \cdot 2 = 1200 + 40 + 10 = 1250$

$721 \cdot 9 = 6300 + 180 + 9 = 6489$

$169 \cdot 8 = 800 + 480 + 72 = 1352$

$432 \cdot 5 = 2000 + 150 + 10 = 2160$

d) $316 \cdot 7 = 2100 + 70 + 42 = 2212$

$425 \cdot 8 = 3200 + 160 + 40 = 3400$

$679 \cdot 6 = 3600 + 420 + 54 = 4074$

$431 \cdot 9 = 3600 + 270 + 9 = 3879$

3. a)

$$
\begin{array}{lrcr}
 & \underline{5965 : 5} & & \\
 & 5000 : 5 & = & 1000 \\
+ & 500 : 5 & = & 100 \\
+ & 450 : 5 & = & 90 \\
+ & 15 : 5 & = & 3 \\
\hline
 & 5965 : 5 & = & 1193
\end{array}
$$

$$
\begin{array}{lrcr}
 & \underline{4269 : 3} & & \\
 & 3000 : 3 & = & 1000 \\
+ & 1200 : 3 & = & 400 \\
+ & 60 : 3 & = & 20 \\
+ & 9 : 3 & = & 3 \\
\hline
 & 4269 : 3 & = & 1423
\end{array}
$$

$$
\begin{array}{lrcr}
 & \underline{4254 : 6} & & \\
 & 4200 : 6 & = & 700 \\
+ & 54 : 6 & = & 9 \\
\hline
 & 4254 : 6 & = & 709
\end{array}
$$

$$
\begin{array}{lrcr}
 & \underline{8199 : 9} & & \\
 & 8100 : 9 & = & 900 \\
+ & 90 : 9 & = & 10 \\
+ & 9 : 9 & = & 1 \\
\hline
 & 8199 : 9 & = & 911
\end{array}
$$

b)

$$
\begin{array}{lrcr}
 & \underline{4345 : 5} & & \\
 & 4000 : 5 & = & 800 \\
+ & 300 : 5 & = & 60 \\
+ & 45 : 5 & = & 9 \\
\hline
 & 4345 : 5 & = & 869
\end{array}
$$

$$
\begin{array}{lrcr}
 & \underline{7236 : 9} & & \\
 & 7200 : 9 & = & 800 \\
+ & 36 : 9 & = & 4 \\
\hline
 & 7236 : 9 & = & 804
\end{array}
$$

$$
\begin{array}{lrcr}
 & \underline{1484 : 4} & & \\
 & 1200 : 4 & = & 300 \\
+ & 200 : 4 & = & 50 \\
+ & 80 : 4 & = & 20 \\
+ & 4 : 4 & = & 1 \\
\hline
 & 1484 : 4 & = & 371
\end{array}
$$

$$
\begin{array}{lrcr}
 & \underline{7092 : 3} & & \\
 & 6000 : 3 & = & 2000 \\
+ & 900 : 3 & = & 300 \\
+ & 180 : 3 & = & 60 \\
+ & 12 : 3 & = & 4 \\
\hline
 & 7092 : 3 & = & 2364
\end{array}
$$

c) $\frac{4896 : 4}{}$

| | | |
|---|---|---|
| | 4000 : 4 = | 1000 |
| + | 800 : 4 = | 200 |
| + | 80 : 4 = | 20 |
| + | 16 : 4 = | 4 |
| | 4896 : 4 = | 1224 |

6084 : 6

| | | |
|---|---|---|
| | 6000 : 6 = | 1000 |
| + | 60 : 6 = | 10 |
| + | 24 : 6 = | 4 |
| | 6084 : 6 = | 1014 |

9785 : 5

| | | |
|---|---|---|
| | 5000 : 5 = | 1000 |
| + | 4500 : 5 = | 900 |
| + | 250 : 5 = | 50 |
| + | 35 : 5 = | 7 |
| | 9785 : 5 = | 1957 |

5360 : 8

| | | |
|---|---|---|
| | 4800 : 8 = | 600 |
| + | 560 : 8 = | 70 |
| | 5360 : 8 = | 670 |

4. a) 8245 : 5 =
= 1000 + 600 + 40 + 9 = 1649
6248 : 4 =
= 1000 + 500 + 60 + 2 = 1562
9423 : 9 =
= 1000 + 40 + 7 = 1047
8568 : 7 =
= 1000 + 200 + 20 + 4 = 1224
b) 5425 : 5 =
= 1000 + 80 + 5 = 1085
8478 : 2 =
= 4000 + 200 + 30 + 9 = 4239
4124 : 4 =
= 1000 + 30 + 1 = 1031
7248 : 8 = 900 + 6 = 906
c) 3714 : 3 =
= 1000 + 200 + 30 + 8 = 1238
9522 : 9 =
= 1000 + 50 + 8 = 1058
4374 : 6 = 700 + 20 + 9 = 729
8735 : 5 =
= 1000 + 700 + 40 + 7 = 1747
d) 3212 : 4 = 800 + 3 = 803
6732 : 9 = 700 + 40 + 8 = 748
4125 : 3 =
= 1000 + 300 + 70 + 5 = 1375
7525 : 5 =
= 1000 + 500 + 5 = 1505

5. A bedeutet immer Antwort.
a) 198 · 4 = 792
A: Man benötigt 792 Platten.
b) 198 · 6 = 1188
A: Man benötigt 1188 Platten.

6. a) 2648 : 4 = 662
A: 662 Platten passen in jede Reihe.
b) 2648 : 8 = 331
A: 331 Platten liegen nun in jeder Reihe.

## Seite 20

1. a) 9 → 9 · 5 = 45
6 → 6 · 6 = 36
4 → 4 · 7 = 28
b) 80 → 80 · 4 = 320
30 → 30 · 6 = 180
50 → 50 · 5 = 250
c) 8 → 8 · 70 = 560
6 → 6 · 80 = 480
7 → 7 · 30 = 210
d) 18 → 18 · 30 = 540
9 → 9 · 30 = 270
5 → 5 · 80 = 400

2. a) 4 R 1 → 4 · 7 + 1 = 29
5 R 5 → 5 · 6 + 5 = 35
6 R 3 → 6 · 8 + 3 = 51
b) 4 R 3 → 4 · 8 + 3 = 35
8 R 2 → 8 · 5 + 2 = 42
8 R 2 → 8 · 3 + 2 = 26
c) 30 R 2 → 30 · 8 + 2 = 242
30 R 5 → 30 · 6 + 5 = 185
50 R 1 → 50 · 5 + 1 = 251
d) 2 R 60 → 2 · 70 + 60 = 200
3 R 10 → 3 · 90 + 10 = 280
6 R 10 → 6 · 50 + 10 = 310

3. a) 28 : 3 = 9 R 1
38 : 4 = 9 R 2
48 : 5 = 9 R 3
58 : 6 = 9 R 4
68 : 7 = 9 R 5
b) 37 : 6 = 6 R 1
44 : 7 = 6 R 2
51 : 8 = 6 R 3
58 : 9 = 6 R 4
65 : 10 = 6 R 5
c) 123 : 4 = 30 R 3
246 : 4 = 61 R 2
369 : 4 = 92 R 1
492 : 4 = 123
615 : 4 = 153 R 3

## Seiten 21 – 22

1. 39 + 45 = 84
   (+1) (−1)
   40 + 44 = 84

   168 + 25 = 193
   (+2) (−2)
   170 + 23 = 193

   41 + 58 = 99
   (−2) (+2)
   39 + 60 = 99

   72 − 34 = 38
   (+6) (+6)
   78 − 40 = 38

   186 − 49 = 137
   (+1) (+1)
   187 − 50 = 137

   96 − 58 = 38
   (+2) (+2)
   98 − 60 = 38

2. a) 69 + 25 = 70 + 24 = 94
   76 + 28 = 74 + 30 = 104
   139 + 46 = 140 + 45 = 185
   248 + 45 = 250 + 43 = 293

   b) 95 − 38 = 97 − 40 = 57
   127 − 99 = 128 − 100 = 28
   259 − 63 = 266 − 70 = 196
   61 − 39 = 62 − 40 = 22

   c) 37 + 59 = 36 + 60 = 96
   176 − 68 = 178 − 70 = 108
   219 + 76 = 220 + 75 = 295
   109 − 53 = 106 − 50 = 56

3. a) 78 · 9 = 780 − 78 = 702
   37 · 9 = 370 − 37 = 333
   66 · 9 = 660 − 66 = 594
   33 · 9 = 330 − 33 = 297

   b) 72 · 11 = 720 + 72 = 792
   35 · 11 = 350 + 35 = 385
   62 · 11 = 620 + 62 = 682
   27 · 11 = 270 + 27 = 297

4. a) 89 · 6 = 540 − 6 = 534
   59 · 8 = 480 − 8 = 472
   39 · 4 = 160 − 4 = 156
   99 · 7 = 700 − 7 = 693

   b) 91 · 5 = 450 + 5 = 455
   61 · 7 = 420 + 7 = 427
   71 · 8 = 560 + 8 = 568
   41 · 6 = 240 + 6 = 246

## Seite 23

1. 24 → 6 → 22 → 44 → 12 → 48 → 24
   36 → 9 → 25 → 50 → 18 → 72 → 36
   44 → 11 → 27 → 54 → 22 → 88 → 44

2. a) 9 → 36 → 6 → 38 → 10 → 2 → 4
   b) 128 → 110 → 55 → 63 → 7 → 49 → 74

3. a) 32, 35, 38, 41, 44
   b) 75, 67, 59, 51, 43
   c) 7, 14, 28, 56, 112
   d) 243, 81, 27, 9, 3

## Seiten 26 / 27: Test

1. 24, 9, 28, 5, 12, 2; 54, 6, 36, 3, 56, 8;
   7, 32, 6, 25, 9, 21; 27, 5, 63, 8, 18, 7
   **24 P.**

2. a) 48 000 + 8 000 = 56 000
   4 200 + 700 = 4 900
   33 000 + 19 000 = 52 000
   6 830 + 80 = 6 910
   **4 P.**

   b) 54 000 − 26 000 = 28 000
   6 800 − 900 = 5 900
   3 740 − 80 = 3 660
   93 000 − 5 000 = 88 000
   **4 P.**

3. a) 5700 + 480 = 6000 + 180 = 6180
7900 + 360 = 8000 + 260 = 8260
3900 + 590 = 4000 + 490 = 4490
6800 + 860 = 7000 + 660 = 7660
**4 P.**

b) 9100 – 450 = 9000 – 350 = 8650
6200 – 380 = 6000 – 180 = 5820
3500 – 820 = 3000 – 320 = 2680
4300 – 570 = 4000 – 270 = 3730
**4 P.**

4. a)

| · | 100 | 30 | 400 | 9000 |
|---|---|---|---|---|
| 8 | 800 | 240 | 3200 | 72000 |
| 60 | 6000 | 1800 | 24000 | 540000 |
| 12 | 1200 | 360 | 4800 | 108000 |
| 400 | 40000 | 12000 | 160000 | 3600000 |

**16 P.**

b)

| : | 3 | 40 | 200 | 600 |
|---|---|---|---|---|
| 48000 | 16000 | 1200 | 240 | 80 |
| 2400 | 800 | 60 | 12 | 4 |
| 36000 | 12000 | 900 | 180 | 60 |
| 7200 | 2400 | 180 | 36 | 12 |

**16 P.**

5. a) 324 · 6 =
= 1800 + 120 + 24 = 1944
612 · 8 =
= 4800 + 80 + 16 = 4896
443 · 4 =
= 1600 + 160 + 12 = 1772
739 · 3 =
= 2100 + 90 + 27 = 2217
**4 P.**

b) 1536 : 6 = 200 + 50 + 6 = 256
2475 : 5 = 400 + 90 + 5 = 495
1467 : 3 = 400 + 80 + 9 = 489
5496 : 8 = 600 + 80 + 7 = 687
**4 P.**

6. a) 57 : 6 = 9 R 3
570 : 6 = 95
**2 P.**

b) 76 : 8 = 9 R 4
760 : 8 = 95
**2 P.**

c) 38 : 4 = 9 R 2
380 : 4 = 95
**2 P.**

d) 19 : 2 = 9 R 1
190 : 2 = 95
**2 P.**

**88 – 74 Punkte:**
Du hast den Stoff dieses Kapitels mühelos bewältigt. Gratuliere! Falls sich ein paar Fehler eingeschlichen haben, lag das sicher daran, dass du unkonzentriert warst. Wenn du merkst, dass du dich nicht mehr so gut konzentrieren kannst, mach einfach eine kleine Pause, in der du dir noch einmal die Aufgaben ansiehst, die du schon fertig hast. Grobe Fehler bemerkst du dabei sicher.

**73 – 57 Punkte:**
Viele der Aufgabentypen hast du gut verstanden. Die meisten Fehler sind dir sicher im Bereich der Subtraktion und Division unterlaufen. Schau dir die Aufgaben im Kapitel noch einmal genau an, und bespreche sie mit einem Freund oder mit deinen Eltern. Ganz bestimmt hilft dir der folgende Tipp: Die Umkehraufgabe zur Probe (bei der Subtraktion ist das eine Additionsaufgabe und bei der Division eine Multiplikationsaufgabe) kostet zwar etwas Zeit, ist aber eine sichere Sache.

**weniger als 57 Punkte:**
Dir sind noch eine Menge Fehler unterlaufen. Berichtige sie sorgfältig. Wenn du nicht weiterkommst, lege dir dieses Trainingsbuch neben dein Heft und sieh dir immer wieder die Beispiele und Merkkästen an. Manchmal dauert es eine Zeit, bis man den „Trick“ verstanden hat. Es kann auch sein, dass du lieber andere Rechenwege zur Lösung versuchen möchtest, als die, die in den Beispielen stehen. Versuche es ruhig einmal. Auf jeden Fall wirst du merken: Übung lohnt sich wirklich. Über deine baldigen Erfolge wirst du dich sehr freuen.

## Seiten 28 – 30

1. a)

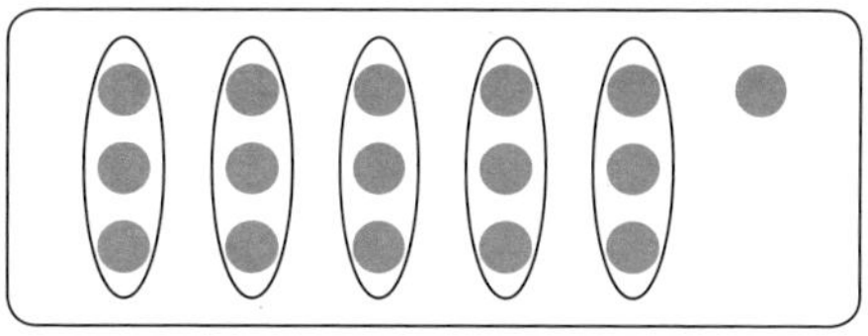

b)

| Dreier: 5 | Einer: 1 |
|---|---|

Es ist unwichtig, wie du die Dreierkringel anordnest. Sie können wie auf der folgenden Seite

## Seiten 28 - 30

zu 1.

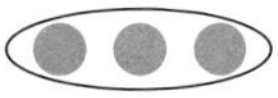 oder so: 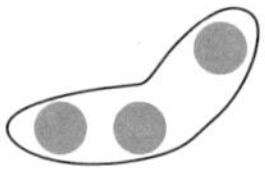

oder anders aussehen.
Entscheidend ist nur, dass stets genau 3 Bälle in einem Dreierkringel liegen und dass der übrig bleibende Ball nicht eingekreist wird.

2.

| | | |
|---|---|---|
| Neuner: 1 | Dreier: 2 | Einer: 1 |

3. a)

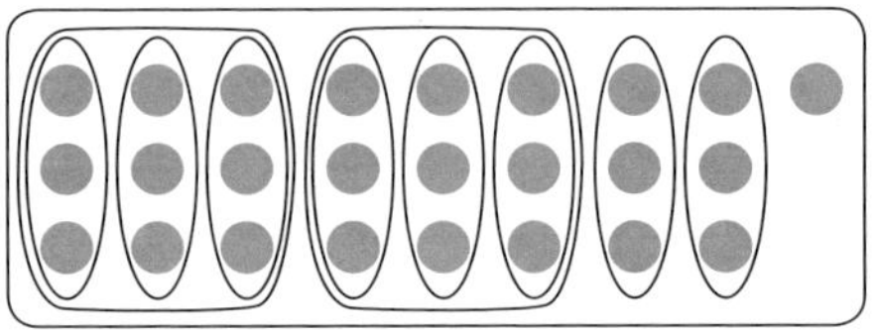

b)

| | | |
|---|---|---|
| Neuner: 2 | Dreier: 2 | Einer: 1 |

4. a)

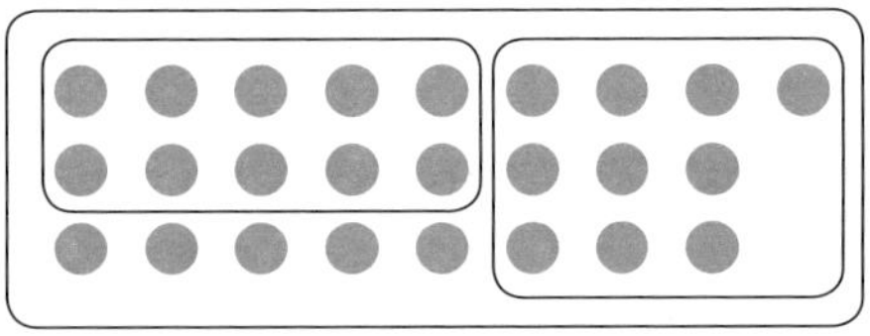

b)

| | | |
|---|---|---|
| Hunderter (H): 0 | Zehner (Z): 2 | Einer (E): 5 |

c) Bei Aufgabe 3 und 4 ist die gleiche Anzahl von Einern (25) vorgegeben. Das Bündelungsergebnis hängt von der Art des Bündelns ab:
Bei Aufgabe 3 wurde immer zu Dreiern zusammengefasst, bei Aufgabe 4 zu Zehnern.
Nur wenn zu Zehnern gebündelt wird, erhält man ein Bündelungsergebnis, das mit unserer Zahlenschreibweise übereinstimmt, nämlich 25. Unsere Zahlenschreibweise beruht auf der 10, wir benutzen also das Zehnersystem.

5. a) 2 Neuner + 2 Dreier

b)

| Neuner | Dreier | Einer |
|---|---|---|
| – | – | 25 |
| – | 8 | 1 |
| 2 | 2 | 1 |

Du siehst, dass du das umständliche Kringelzeichnen durch Dividieren ersetzen kannst. Die Anzahl der Dreier ermittelst du, indem du die 25 Einer durch 3 dividierst. 25 **:** 3 = 8 R 1. Der sich ergebende Rest lässt sich nicht weiter bündeln, er kommt in die Spalte der Einer.
Das Bündeln ist aber noch nicht abgeschlossen. Die 8 Dreier kannst du noch zu Neunern zusammenfassen. Dazu teilst du 8 **:** 3 = 2 R 2. Der entstehende Rest besteht jetzt aus Dreiern. Du trägst die Anzahl der Neuner und Dreier in die nächste Zeile ein. Bei den Einern hat sich nichts geändert, sie werden ebenfalls übertragen. Als Ergebnis ergibt sich wie bei Aufgabe 4:
25 Einer = 2 Neuner + 2 Dreier + 1 Einer

6. 26 Einer **:** 3 = 8 Dreier + 2 Einer
8 Dreier **:** 3 = 2 Neuner + 2 Dreier

| Neuner | Dreier | Einer |
|---|---|---|
| – | – | 26 |
| – | 8 | 2 |
| 2 | 2 | 2 |

7. a) durch 5
b) 38 Einer **:** 5 = 7 Fünfer + 3 Einer
7 Fünfer **:** 5 = 1 Fünfundzwanziger + 2 Fünfer

| Fünfundzwanziger | Fünfer | Einer |
|---|---|---|
| – | – | 38 |
| – | 7 | 3 |
| 1 | 2 | 3 |

8. Durch 10 teilen.
57 Einer **:** 10 = 5 Zehner + 7 Einer

| Hunderter | Zehner | Einer |
|---|---|---|
| – | – | 57 |
| – | 5 | 7 |

## Seite 31

1. 3 Fünfundzwanziger $= 3 \cdot 25 = 75$
   2 Fünfer $= 2 \cdot 5 = 10$
   4 Einer $= 4 \cdot 1 = 4$
   Ergebnis: $75 + 10 + 4 = 89$

2. a) 4 Fünfundzwanziger $= 4 \cdot 25 = 100$
   1 Fünfer $= 1 \cdot 5 = 5$
   2 Einer $= 2 \cdot 1 = 2$
   Ergebnis: $100 + 5 + 2 = 107$
   b) $3 \cdot 25 = 75$
   $0 \cdot 5 = 0$
   $4 \cdot 1 = 4$
   Ergebnis: $75 + 4 = 79$

3. a) $4\,H = 4 \cdot 100 = 400$
   $2\,Z = 2 \cdot 10 = 20$
   $5\,E = 5 \cdot 1 = 5$
   Ergebnis: $400 + 20 + 5 = 425$
   b) $8\,H = 8 \cdot 100 = 800$
   $0\,Z = 0 \cdot 10 = 0$
   $2\,E = 2 \cdot 1 = 2$
   Ergebnis: $800 + 2 = 802$
   c) $3\,H = 3 \cdot 100 = 300$
   $2\,Z = 2 \cdot 10 = 20$
   $0\,E = 0 \cdot 1 = 0$
   Ergebnis: $300 + 20 = 320$

## Seite 32

1.

|  |  |  |
|---|---|---|
| 0 | 2 | 4 |

2.

|  |  |  |
|---|---|---|
| 9 | 5 | 2 |

Zusammen sind das 952 ct.

## Seiten 34 – 35: Test

1.

| Neuner | Dreier | Einer |
|---|---|---|
| 2 | 1 | 0 |

**4 P.**

2. $48 : 5 = 9$ Rest 3
   $9 : 5 = 1$ Rest 4

| Fünfund-zwanziger | Fünfer | Einer |
|---|---|---|
| – | – | 48 |
| – | 9 | 3 |
| 1 | 4 | 3 |

**8 P.**

3. a) $3 \cdot 25 + 4 \cdot 5 + 1 = 75 + 20 + 1 = 96$
   **3 P.**
   b) $6 \cdot 100 + 2 \cdot 10 + 9 \cdot 1 =$
   $= 600 + 20 + 9 = 629$
   **3 P.**

4.

| € | 10 ct | 1 ct |
|---|---|---|
| 7 | 5 | 6 |

**6 P.**

5. Karina erhält ein 25er-Bündel mit 25 €, zwei 5er-Bündel mit 10 €, und einen Einer mit 1 €.

| Fünfund-zwanziger | Fünfer | Einer |
|---|---|---|
| 1 | 2 | 1 |

**9 P.**

6. $4 \cdot 25\,€ = 100\,€$
   $3 \cdot 5\,€ = 15\,€$
   $2 \cdot 1\,€ = 2\,€$
   A: Sie hat 117 € gebündelt.
   **3 P.**

**36 – 30 Punkte:**
In einem Land, in dem nicht nach dem Zehnersystem gerechnet würde, würdest du ebenfalls wunderbar zurechtkommen. Dir macht es wohl Spaß, im Reich der Zahlen auf Entdeckungsreise zu gehen! Tol! Übertrage doch einmal einige Zahlen ins Zweiersystem. Dabei erhältst du als Ziffern in der Stellenwerttafel nur Nullen und Einsen. In diesem System rechnen übrigens Computer.

**29 – 23 Punkte:**
Manchmal musst du noch an den „fremden“ Stellenwertsystemen ganz schön knobeln. Sicher, du bist das Zehnersystem gewohnt. Wenn du aber beim Rechnen immer auf die Überschrift des Stellenwertes schaust, wirst du stets an das System erinnert, in dem du

gerade arbeiten sollst. So unterlaufen dir bald keine Fehler mehr.

**weniger als 23 Punkte:**
Dich in andere Stellenwertsysteme hineinzudenken, fällt dir noch nicht leicht. Um dich besser in dieses Gebiet einzufinden, solltest du ruhig einmal ganz praktisch arbeiten. Nimm dir eine größere Menge gleicher Sachen, z. B. Büroklammern oder Rechenplättchen oder Murmeln oder Perlen oder ... Nun wende darauf die Dreierregel an, indem du immer drei – sagen wir – Murmeln in eine kleine Tüte füllst.
Wenn du fertig bist, lege immer 3 Tüten in eine Schachtel. Wenn auch das erledigt ist, kommen immer 3 Schachteln in einen Karton, falls das noch möglich ist. Beschrifte dann Tüten, Schachteln und Kartons mit der Menge der Murmeln, die darin sind.

## Seiten 36 – 37

1. a)

| | T | H | Z | E |
|---|---|---|---|---|
| | 3 | 7 | 2 | 1 |
| + | 5 | 1 | 4 | 6 |
| | 8 | 8 | 6 | 7 |

b)

| | T | H | Z | E |
|---|---|---|---|---|
| | 2 | 1 | 6 | 5 |
| + | 5 | 7 | 2 | 4 |
| | 7 | 8 | 8 | 9 |

2. a)

| | T | H | Z | E |
|---|---|---|---|---|
| | 4 | 2 | 2 | 0 |
| + | 1 | 4 | 2 | 9 |
| | 5 | 6 | 4 | 9 |

b)

| | T | H | Z | E |
|---|---|---|---|---|
| | 3 | 2 | 6 | 5 |
| + | 4 | 6 | 2 | 2 |
| | 7 | 8 | 8 | 7 |

3. a)

| | T | H | Z | E |
|---|---|---|---|---|
| | 4 | 1 | 2 | 5 |
| + | 2 | 5 | 1 | 6 |
| | | | 1 | |
| | 6 | 6 | 4 | 1 |

b)

| | T | H | Z | E |
|---|---|---|---|---|
| | 7 | 4 | 8 | 3 |
| + | 1 | 6 | 9 | 5 |
| | 1 | 1 | | |
| | 9 | 1 | 7 | 8 |

c)

| | T | H | Z | E |
|---|---|---|---|---|
| | 6 | 3 | 4 | 4 |
| + | 2 | 7 | 9 | 6 |
| | 1 | 1 | 1 | |
| | 9 | 1 | 4 | 0 |

## Seiten 38 – 39

1. a)
8256
\+ 341
8597

8597
\+ 659
(Übertrag: 1 1 1)
9256

b)
249
\+ 659
(Übertrag: 1 1)
908

908
\+ 341
(Übertrag: 1)
1349

c)
1004
\+ 359
(Übertrag: 1)
1363

1363
\+ 641
(Übertrag: 1 1)
2004

2. a)
4712
\+ 856
\+ 2173
(Übertrag: 1 1 1)
7741

b)
704
\+ 1256
\+ 2579
(Übertrag: 1 1 1)
4539

3.
4215
\+ 317
\+ 48
\+ 1057
(Übertrag: 1 2)
5637

4.
3019
\+ 79
\+ 109
\+ 1432
(Übertrag: 1 2)
4639

5.
4125
\+ 173
\+ 892
\+ 1708
(Übertrag: 1 1 1)
6898

6. a)
```
   8 2 1
+3 7 1 0
+  2 1 0
+1 7 6 5
 2 1
--------
 6 5 0 6
```

b)
```
 1 2 5 1
+    2 8
+  1 0 8
+4 2 0 5
     2
--------
 5 5 9 2
```

7. a) 2 **4** 3 1<br>+1 6 7 **9**<br>+5 2 **0** 7<br>(Überträge: 1 1 1)<br>**9** 3 1 7

Du findest die fehlenden Ziffern so durch Ergänzen.

7 + 1 = 8<br>→ 8 + [9] = 17<br>1+ 7 + 3 = 11<br>→ 11 + [0] = 11<br>1 + 2 + 6 = 9<br>→ 9 + [4] = 13<br>1 + 5 + 1 + 2 = [9]

b) 3 **4** **2** 1<br>+ 9 7 6<br>+5 4 3 2<br>(Überträge: 1 1)<br>**9** 8 2 **9**

c) **2** **7** 8 1<br>+3 8 7 **2**<br>+1 5 **6** 7<br>(Überträge: 2 2 1)<br>8 2 2 0

d) **4** 3 0 0<br>+2 **5** 6 1<br>+ 8 **5** 2<br>(Überträge: 1 1)<br>7 7 1 **3**

e) 2 5 6 **9**<br>+ 3 **5** 4<br>+6 **2** 0 6<br>(Überträge: 1 1 1)<br>**9** 1 2 9

f) 4 2 **1** 3<br>+**3** 2 4 1<br>+2 4 1 **3**<br>9 **8** 6 7

## Seiten 40 – 41

1. a)

| | T | H | Z | E |
|---|---|---|---|---|
| – | 4 | 8 | 9 | 2 |
| | 2 | 3 | 4 | 1 |
| | 2 | 5 | 5 | 1 |

b)

| | T | H | Z | E |
|---|---|---|---|---|
| – | 7 | 5 | 6 | 2 |
| | 4 | 5 | 2 | 0 |
| | 3 | 0 | 4 | 2 |

2. a)

| | T | H | Z | E |
|---|---|---|---|---|
| – | 5 | 7 | 2 | 6 |
| | 2 | 4 | 1 | 5 |
| | 3 | 3 | 1 | 1 |

b)

| | T | H | Z | E |
|---|---|---|---|---|
| – | 6 | 0 | 7 | 9 |
| | 4 | 0 | 1 | 6 |
| | 2 | 0 | 6 | 3 |

3. a)

| | T | H | Z | E |
|---|---|---|---|---|
| – | 8 | 2 | 1 | 2 |
| | 1 (Übertrag 1) | 6 (Übertrag 1) | 7 (Übertrag 1) | 5 |
| | 6 | 5 | 3 | 7 |

b)

| | T | H | Z | E |
|---|---|---|---|---|
| – | 4 | 0 | 2 | 1 |
| | 1 (Übertrag 1) | 4 (Übertrag 1) | 3 | 1 |
| | 2 | 5 | 9 | 0 |

4. a)

| | T | H | Z | E |
|---|---|---|---|---|
| – | 7 | 6 | 2 | 1 |
| | 3 | 4 (Übertrag 1) | 5 (Übertrag 1) | 6 |
| | 4 | 1 | 6 | 5 |

b)

| | T | H | Z | E |
|---|---|---|---|---|
| – | 8 | 7 | 0 | 0 |
| | 2 | 4 (Übertrag 1) | 6 (Übertrag 1) | 9 |
| | 6 | 2 | 3 | 1 |

## Seite 42

1. a)
```
  7 2 3 4
 -4 3 5 6
   1 1 1
 --------
  2 8 7 8
```

```
  8 1 3 7
 -  4 9 5
   1 1
 --------
  7 6 4 2
```

```
  6 2 7 1
 -1 3 5 0
  1
 --------
  4 9 2 1
```

## Seite 42

1. b)

```
  2514
-  946
  1 1 1
------
  1568
```

```
  3214
- 2931
  1 1
------
   283
```

```
  4953
-  948
     1
------
  4005
```

c)

```
  2341
- 1246
   1 1
------
  1095
```

```
  7921
- 4302
     1
------
  3619
```

```
  4040
-  149
  1 1 1
------
  3891
```

2. a)

```
  7885
- 5798
   1 1
------
  2087
```

b)

```
  4763
-  984
  1 1 1
------
  3779
```

c)

```
  5007
- 3218
  1 1 1
------
  1789
```

Alle Lösungen waren falsch.

3. a)

```
  5810
- 3247
   1 1
------
  2563
```

7 + 3 = 1[0]
1 + 4 + 6 = 1[1]
1 + 5 + 2 = 8
3 + 2 = [5]

b)

```
  1843
-  768
   1 1
------
  1075
```

## Seite 43

1. a)

```
  7241
- 1234
-  897
  1 1 1
------
  5110
```

b)

```
  6524
- 2341
- 1467
  1 1 1
------
  2716
```

c)

```
  4502
-  897
- 1374
  1 2 1
------
  2231
```

d)

```
  8300
- 2519
-  376
  1 1 2
------
  5405
```

e)

```
  8812
-  429
- 3507
  1 1 2
------
  4876
```

f)

```
  6000
- 4213
- 1630
  1 1 1
------
   157
```

2.

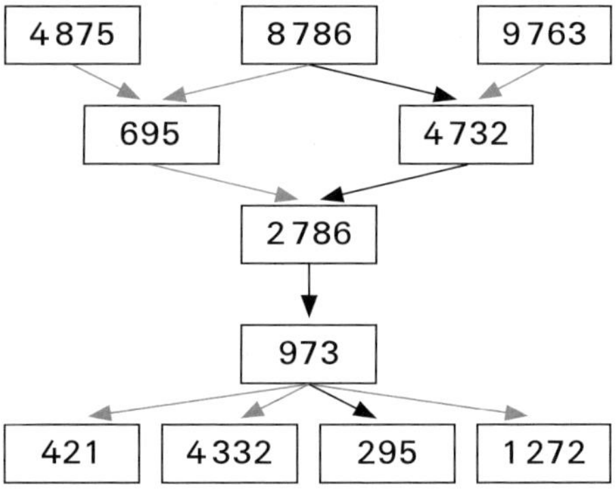


3. a)

```
  3278          5117
+  275        -  275
+ 1564        - 1564
  1 2 1         1 2 1
------        ------
  5117          3278
```

b)

```
  5791          1731
- 2822        + 2822
- 1238        + 1238
   1 1           1 1
------        ------
  1731          5791
```

## Seiten 44 – 45

1. a)

```
  T H Z E
  8 4 8 2
- 4 3 5 1
---------
  4 1 3 1
```

Rechne so:
2 – 1 = 1 → schreibe 1
8 – 5 = 3 → schreibe 3
4 – 3 = 1 → schreibe 1
8 – 4 = 4 → schreibe 4

Sprich so:
2 minus 1 gleich 1
8 minus 5 gleich 3
4 minus 3 gleich 1
8 minus 4 gleich 4

b)

```
  T H Z E
  4 7 8 5
- 2 3 7 5
---------
  2 4 1 0
```

Rechne so:
5 – 5 = 0 → schreibe 0
8 – 7 = 1 → schreibe 1

7 – 3 = 4 → schreibe 4
4 – 2 = 2 → schreibe 2

Sprich so:
5 minus 5 gleich 0
8 minus 7 gleich 1
7 minus 3 gleich 4
4 minus 2 gleich 2

2. a)
```
 T H Z E
 7 6 5 4
−3 1 4 2
 4 5 1 2
```
b)
```
 T H Z E
 9 7 1 6
−5 2 1 4
 4 5 0 2
```
c)
```
 T H Z E
 8 7 3 5
−   6 1 2
 8 1 2 3
```
d)
```
 T H Z E
 2 8 7 6
−   7 2 6
 2 1 5 0
```

3. a)
```
 T H Z E
 6 5
 7̸ 6̸ 3 8
−3 9 8 4
 3 6 5 4
```

Rechne und sprich so:
8 minus 4 gleich 4; 3 minus 8 geht nicht (ich muss wechseln); eins herüber bleibt 5; 13 minus 8 gleich 5; 5 minus 9 geht nicht; eins herüber bleibt 6; 15 minus 9 gleich 6; 6 minus 3 gleich 3.

b)
```
 T H Z E
 3 4 2
 4̸ 5̸ 3̸ 2
−1 6 7 8
 2 8 5 4
```

2 minus 8 geht nicht (ich muss wechseln); eins herüber bleibt 2; 12 minus 8 gleich 4; 2 minus 7 geht nicht (ich muss wechseln); eins herüber bleibt 4; 12 minus 7 gleich 5; 4 minus 6 geht nicht (ich muss wechseln); eins herüber bleibt 3; 14 minus 6 gleich 8; 3 minus 1 gleich 2.

4. a)
```
 T H Z E
   8 9
 5 9̸ 0̸ 3
−2 7 4 5
 3 1 5 8
```

3 minus 5 geht nicht (ich muss wechseln); eins herüber, von 9 Hundertern bleiben 8; eins herüber, von zehn Zehnern bleiben 9; 13 minus 5 gleich 8; 9 minus 4 gleich 5; 8 minus 7 gleich 1; 5 minus 2 gleich 3.

b)
```
 T H Z E
 6 9
 7̸ 0̸ 4 9
−5 4 8 1
 1 5 6 8
```

9 minus 1 gleich 8; 4 minus 8 geht nicht (ich muss wechseln); eins herüber, von 7 Tausendern bleiben 6; eins herüber, von zehn Hundertern bleiben 9; 14 minus 8 gleich 6; 9 minus 4 gleich 5; 6 minus 5 gleich 1.

## Seiten 46 – 47

1. a)
```
 6
 7̸ 5 4 3
−   8 4 2
 6 7 0 1
```
b)
```
 2 6 3
 3̸ 7̸ 4̸ 2
−1 9 5 6
 1 7 8 6
```
c)
```
 7
 8̸ 2 4 5
−3 5 1 4
 4 7 3 1
```
d)
```
   6 1
 6 7̸ 2̸ 1
−6 5 4 9
     1 7 2
```
e)
```
 3 5 1
 4̸ 6̸ 2̸ 5
−   8 7 6
 3 7 4 9
```
f)
```
 4 1 3
 5̸ 2̸ 4̸ 0
−1 7 6 5
 3 4 7 5
```

2. a)
```
 5 4 9
 6̸ 5̸ 0̸ 2
−   7 8 5
 5 7 1 7
```
b)
```
 6 9
 7̸ 0̸ 0 8
−2 5 6 1
 4 4 4 7
```
c)
```
 3 2 9
 4̸ 3̸ 0̸ 5
−   9 8 7
 3 3 1 8
```

3. a)
```
 6 3 9
 7̸4̸0̸5        3929
−3476        +3476
                111
 3929         7405
```
Rechnung richtig!

b)
```
 7 5 1
 8̸6̸2̸7        7638
−  989       +  989
                111
 7638         8627
```
Rechnung richtig!

4. a)
```
 1 0 3 1
+2 0 9 4
     1
 3 1 2 5
```
richtig!

b)
```
 2 7 1 6
+1 4 8 5
 1 1
 4 2 0 1
```
richtig!

## Seiten 46 – 47

4. c)
```
  1 8 6 2
+ 2 4 9 3
  1 1
---------
  4 3 5 5
```

Stimmt nicht mit der Ausgangszahl der Aufgabe überein, also falsch!

richtig ist:
```
  4 2
  5 3 4 5            2 8 5 2
- 2 4 9 3          + 2 4 9 3
                     1 1
---------          ---------
  2 8 5 2            5 3 4 5
```

5.
```
  8751         7 3 0          5959
-  341         8 4 1 0      -  845
-----        - 2451         ------
  8410         -----          5114
               5959
```

6.
```
  2746         8 3
+ 3218         9 4 3 5
+  977       - 6941
  1 1 2      ------
------         2494
  6941
```

Kontrollrechnung:
```
  8 3 2                        2 3 6
  9 4 3 5        6689          3 4 7 1
- 2746         - 3218        -  977
------         ------        -------
  6689           3471          2494
```

Also Aufgabe richtig gerechnet!

## Seiten 48 – 49

1. b)
```
   2518 · 5 = ?
+  2000 · 5 = 10000
+   500 · 5 =  2500
+    10 · 5 =    50
+     8 · 5 =    40
-------------------
   2518 · 5 = 12590
```

c)
```
  1327
+ 1327
+ 1327
+ 1327
------
  5308
```

d)
```
   2518
+  2518
+  2518
+  2518
+  2518
-------
  12590
```

2. a)
```
2 3 4 5 · 7
-----------
1 6 4 1 5
```

Rechne so:

$7 \cdot 5 = 35$ → 5 hinschreiben, 3 übertragen

$7 \cdot 4 + 3 = 31$ → 1 hinschreiben, 3 übertragen

$7 \cdot 3 + 3 = 24$ → 4 hinschreiben, 2 übertragen

$7 \cdot 2 + 2 = 16$ → 16 hinschreiben

b) 20085 c) 25304 d) 25872
e) 28852 f) 18651

3. $1782 \cdot 40 = 1782 \cdot 4 \cdot 10$

1. Schritt
```
1782 · 4
--------
    7128
```

2. Schritt
```
7128 · 10
---------
    71280
```

4. a)
```
1782 · 30
---------
    53460
```

b)
```
3507 · 70
---------
   245490
```

c)
```
6321 · 50
---------
   316050
```

5.
```
2456 · 50
---------
   122800   →    122800
                +  7368
2456 · 3    →   -------
--------         130168
    7368
```

kürzer:
```
2456 · 53
---------
   12280
+   7368
---------
  130168
```

53 kann man in 50 + 3 zerlegen. Daraus leiten sich die beiden Multiplikationsaufgaben $2456 \cdot 50$ und $2456 \cdot 3$ ab. Beide Aufgaben vereinigt ergeben das Multiplikationsschema für zweistellige Multiplikatoren.

## Seiten 50 – 51

1. a)
```
4 1 2 5 · 2 6
-------------
    8 2 5 0
    2 4 7 5 0
-------------
  1 0 7 2 5 0
```

b)
```
4 3 2 5 · 1 7
-------------
      4 3 2 5
    3 0 2 7 5
-------------
    7 3 5 2 5
```

2. a)
```
2 1 4 6 · 2 3
-------------
    4 2 9 2
      6 4 3 8
-------------
    4 9 3 5 8
```

b)
```
4 7 4 3 · 8 6
-------------
    5 9 4 4
      4 4 5 8
-------------
    6 3 8 9 8
```

3. a) 7506 b) 7560 c) 6156
7322 18072 21280

4. a) 55965 b) 159980 c) 8840
d) 186613 e) 430250 f) 20010
343125 165240 28750

5. a) 4025 · 26
8050
24150
104650

d) 7020 · 74
49140
28080
519480

6. a) 4253 · **15**
**42**53
**212**65
**63795**

b) 21**31** · 35
**6**393
**10655**
**74585**

7. a) 623 · 52 = 32 396
→ Ü: 600 · 50 = 30 000
b) 41 · 195 = 4995
→ Ü: 40 · 200 = 8 000; Aufgabe falsch
c) 1089 · 19 = 10 691
→ Ü: 1 000 · 20 = 20 000;
Aufgabe falsch
d) 185 · 203 = 37 555
→ Ü: 200 · 200 = 40 000

## Seiten 52 – 54

1. a) 6152 : 4 =
−4000 → 1000
2152
−2000 → + 500
152
− 120 → + 30
32
− 32 → + 8
0 1538

6152 : 4 = 1538

b) T H Z E T H Z E
6152 : 4 = 1538
4
21
20
15
12
32
32
0

2. a) T H Z E T H Z E
8526 : 6 = 1421
6
25
24
12
12
06
6
0

b) T H Z E T H Z E
6780 : 4 = 1695
4
27
24
38
36
20
20
0

3. T H Z E T H Z E
6349 : 7 = 907
63
04
0
49
49
0

4. a) 4375 : 5 = 875
40
37
35
25
25
0

b) 29133 : 9 = 3237
27
21
18
33
27
63
63
0

c) 17488 : 4 = 4372
16
14
12
28
28
08
8
0

d) 25362 : 6 = 4227
24
13
12
16
12
42
42
0

## Seiten 52 – 54

4. e) 1 5 3 4 2 : 3 = 5 1 1 4
1 5
0 3
3
0 4
3
1 2
1 2
0

f) 9 8 1 6 : 8 = 1 2 2 7
8
1 8
1 6
2 1
1 6
5 6
5 6
0

5. a) T H Z E    T H Z E
5 2 5 0 : 5 = 1 0 5 0
5
0 2
0
2 5
2 5
0 0
0
0

b) T H Z E    T H Z E
7 0 3 5 : 7 = 1 0 0 5
7
0 0
0
0 3
0
3 5
3 5
0

6. a) 1 040    b) 1 070    c) 1 210
1 006    1 201    1 015

7. b) 2 5 4 0 0 : 4 = 6 3 5 0
2 4
1 4
1 2
2 0
2 0
0 0
0
0

d) 2 4 3 2 0 : 8 = 3 0 4 0
2 4
0 3
0
3 2
3 2
0 0
0
0

## Seite 55

1. a) Überschlag: 12 000 : 12 = 1 000

1 2 0 7 2 : 1 2 = 1 0 0 6
1 2
0 0
0
0 7
0
7 2
7 2
0

Probe:
1 0 0 6 · 1 2
1 0 0 6
2 0 1 2
1 2 0 7 2

Überschlag: 18 000 : 12 = 1 500

1 8 6 7 2 : 1 2 = 1 5 5 6
1 2
6 6
6 0
6 7
6 0
7 2
7 2
0

Probe:
1 5 5 6 · 1 2
1 5 5 6
3 1 1 2
1 8 5 7 2

b) Überschlag: 4 800 : 12 = 400

4 5 2 4 : 1 2 = 3 7 7
3 6
9 2
8 4
8 4
8 4
0

Probe:
3 7 7 · 1 2
3 7 7
7 5 4
4 5 2 4

Überschlag: 8 400 : 12 = 700

8 4 4 8 : 1 2 = 7 0 4
8 4
0 4
0
4 8
4 8
0

Probe:
7 0 4 · 1 2
7 0 4
1 4 0 8
8 4 4 8

2. a) Alle Ergebnisse sind doppelt so groß.
   b) Ich müsste alle Ergebnisse durch 2 dividieren, um zu denselben Ergebnissen zu gelangen.

3. a) Überschlag: 42 000 · 70 = 600

```
4 2 8 4 0 : 7 0 = 6 1 2
4 2 0
  8 4          Probe:
  7 0          6 1 2 · 7 0
  1 4 0          4 2 8 4
  1 4 0                0
      0          4 2 8 4 0
```

   b) Überschlag: 63 000 : 70 = 900

```
6 2 6 5 0 : 7 0 = 8 9 5
5 6 0
  6 6 5        Probe:
  6 3 0        8 9 5 · 7 0
    3 5 0        6 2 6 5
    3 5 0              0
        0        6 2 6 5 0
```

   c) Überschlag: 140 000 · 70 = 2 000

```
1 4 2 5 9 0 : 7 0 = 2 0 3 7
1 4 0
    2 5
    0
    2 5 9        Probe:
    2 1 0        2 0 3 7 · 7 0
      4 9 0        1 4 2 5 9
      4 9 0                0
          0        1 4 2 5 9 0
```

## Seiten 56 – 57

1. 37

2. a) 6 288 : 12 = 524
   d) Die Aufgabe war richtig.

3. a) 40 210 : 70 = 574 R 30
   d) Die Aufgabe war falsch.

4. a) 631 · 30 = 18 930
   b) Probe: 18 930 : 30 = 631

```
180
 93
 90
  30
  30
   0
```

   c) Die Aufgabe war richtig.

5. a) 1 732 · 70 = 121 240
   b) Probe: 121 240 : 70 = 1 732

```
70
512
490
 224
 210
  140
  140
    0
```

6. a) und c) 102 · 80 = 8 160
   d) Das Ergebnis war richtig.

7. a) und c) 64 · 50 = 3 200
   d) Die Lösung der Divisionsaufgabe ist falsch.

8. a) 21 660 : 20 = 1 083
   b) 1 083 · 20 = 21 660
   c) Das Ergebnis war richtig.

## Seiten 58 – 59

1. 442 · 6 = 73 R 4

2. a) 7 254 : 5 = 1 450 R 4
   b) 6 725 : 3 = 2 241 R 2
   c) 84 321 : 40 = 2 108 R 1
   d) 188 205 : 20 = 9 410 R 5

3. a) 17 423 : 30 = 580 R 23
   b) 48 543 : 60 = 809 R 3
   c) 59 180 : 12 = 4 931 R 8
   d) 43 057 : 12 = 3 588 R 1

4. 35 415 : 70 = 505 R 65
   505 · 70 = 35 350
   35 350 + 65 = 35 415

5. 23 420 : 7 = 3 348 R 6
   3 348 · 7 = 23 436
   23 436 + 6 = 23 442
   Die Division war falsch.

6. 106 860 : 8 = 13 357 R 4
   13 357 · 8 = 106 856
   106 856 + 4 = 106 860

7. 67 258 : 30 = 2 241 R 28
   2 241 · 30 = 67 230
   67 230 + 28 = 67 258

8. 75 291 : 12 = 6 274 R 3
   6 274 · 12 = 75 288
   75 288 + 3 = 75 291

## Seiten 62 – 63: Test

1. 246 + 468 = 714
   714 + 468 = 1 182
   1 182 + 468 = 1 650
   1 650 + 468 = 2 118
   2 118 + 468 = 2 586
   **5 P.**

2. a)

| | |
|---|---|
| | 407 |
| + | 21 |
| + | 8975 |
| | 9403 |

**1 P.**

b)

| | |
|---|---|
| | 70083 |
| + | 4098 |
| + | 19 |
| | 74200 |

**1 P.**

c)

| | |
|---|---|
| | 99 |
| + | 81 |
| + | 6075 |
| | 6255 |

**1 P.**

d)

| | |
|---|---|
| | 956 |
| + | 140 |
| + | 956140 |
| | 957236 |

**1 P.**

3. 889 – 127 = 762
   762 – 127 = 635
   635 – 127 = 508
   508 – 127 = 381
   381 – 127 = 254
   254 – 127 = 127
   127 – 127 = 0
   **6 P.**

4. a)

| | |
|---|---|
| | 8341 |
| – | 2543 |
| – | 869 |
| | 4929 |

**2 P.**

b)

| | |
|---|---|
| | 6708 |
| – | 498 |
| – | 2516 |
| | 3694 |

**2 P.**

5. a) 33 872 **1 P.** b) 21 260 **1 P.**
   c) 16 808 **1 P.** d) 36 072 **1 P.**
   e) 57 878 **1 P.** f) 46 545 **1 P.**

6. a) 3 285 : 9 = 365 Ü: 3 600 : 9 = 400
   **2 P.**
   b) 2 456 : 4 = 614 Ü: 2 400 : 4 = 600
   **2 P.**

7. a) 6 150 : 6 = 1 025
   Probe: 1 025 · 6 = 6 150
   **2 P.**
   b) 5 406 : 6 = 901
   Probe: 901 · 6 = 5 406
   **2 P.**

8. a) 7 553 : 5 = 1 510 R 3
   **2 P.**
   b) 9 241 : 8 = 1 155 R 1
   **2 P.**

9. a) 10 752 : 12 = 896
   **2 P.**
   b) 11 130 : 70 = 159
   **2 P.**

**41 – 34 Punkte:**
Du kannst hervorragend mit den schriftlichen Rechenverfahren umgehen. Es wäre nun sinnvoll, deine Rechengeschwindigkeit zu trainieren, denn schnelles und natürlich sicheres Rechnen verschaffen dir Zeit, um bei schwierigere Aufgaben genauer nachdenken zu können.

**33 – 27 Punkte:**
Wenn die Fehler, die dir unterlaufen sind, hauptsächlich aus den Bereichen Subtraktion und Division kommen, dann solltest du dir die Beispiele dazu noch einmal genau vornehmen. Achte dabei darauf, dass du die Rechenverfahren so anwendest, wie du sie gelernt und verstanden hast. Du musst nicht jeden möglichen Weg zum Ziel kennen. Wenn sich deine Fehler allerdings über alle Bereiche erstrecken, solltest du deine Konzentration trainieren und alles vermeiden, was dich von der Arbeit ablenkt.

**weniger als 27 Punkte:**
Du hast einige Rechenverfahren noch nicht völlig durchschaut. Versuche nicht, sie dir ganz alleine beizubringen. Es wäre schön, wenn du jemanden hättest, dem du erklären kannst, was du schon verstanden hast. Gemeinsam könntet ihr dann noch einmal die Beispiele im Buch durchgehen und dabei die Verständnislücken schließen, die noch da sind.

## Seiten 64 – 65

1. Martin: 5 · 50 ct + 2 · 20 ct + 2 · 10 ct + + 1 · 5 ct + 4 · 2 ct + 3 · 1 ct = = 326 ct
   Lena: 1 · 50 ct + 3 · 20 ct + 6 · 10 ct + + 5 · 5 ct + 8 · 2 ct + 1 · 1 ct = = 212 ct
   Simon: 4 · 50 ct + 5 · 20 ct + 2 · 10 ct + + 0 · 5 ct + 1 · 2 ct + 7 · 1 ct = = 329 ct

2.

| | 50 ct | 20 ct | 10 ct | 5 ct | 2 ct | 1 ct |
|---|---|---|---|---|---|---|
| 36 ct | | 1 | 1 | 1 | | 1 |
| 87 ct | 1 | 1 | 1 | 1 | 1 | |
| 79 ct | 1 | 1 | | 1 | 2 | |
| 118 ct | 2 | | 1 | 1 | 1 | 1 |

3. a)

| 1 € | 10 ct | 1 ct |
|---|---|---|
| 8 | 80 | 800 |
| 17 | 170 | 1 700 |
| 25 | 250 | 2 500 |
| 31 | 310 | 3 100 |

b)

| 1 ct | 10 ct | 1 € |
|---|---|---|
| 1 200 | 120 | 12 |
| 2 800 | 280 | 28 |
| 600 | 60 | 6 |
| 14 500 | 1 450 | 145 |

4. Lena: 1 000 € + 150 € + 20 € + 40 € + + 10 € = 1 220 €
   Maya: 4 000 € + 200 € + 50 € + 30 € + + 5 € = 4 285 €
   Lukas: 1 500 € + 800 € + 20 € + 40 € + + 30 € = 2 390 €

5. siehe Tabelle unten

6. a)
   800 €
   \+ 500 €
   \+ 200 €
   \+ 150 €
   1 650 €

   Er hat insgesamt 1 650 € eingenommen.

   b)
   150 €
   \+ 300 €
   \+ 400 €
   \+ 1 000 €
   1 850 €

   A: Er gibt 1 850 € aus.

   c)
   4 000 € + 1 650 € = 5 650 €
   5 650 € − 1 850 € = 3 800 €

   A: Am Abend sind 3 800 € in der Kasse.

7. a)
   380 €
   \+ 120 €
   \+ 500 €
   \+ 1 200 €
   2 200 €

   A: Es sind 2 200 € insgesamt.

   b) 2 200 € + 2 500 € = 4 700 €
   A: Das neue Guthaben beträgt 4 700 €.

   c)
   4 700 €
   − 270 €
   − 500 €
   − 130 €
   − 800 €
   3 000 €

   A: 3 000 € bleiben übrig!

## Seite 66

1.

| Kommaschreibweise |
|---|
| 1,37 € |
| 0,21 € |
| 5,03 € |
| 7,40 € |

2. a) 2,05 € 8,15 € b) 0,85 € 0,76 € c) 12,03 € 0,28 €

zu Seite 65, Aufgabe 5:

| | 500 € | 1 100 € | 50 € | 20 € | 10 € | 5 € |
|---|---|---|---|---|---|---|
| 1 000 € | 2 · 500 € | 10 · 100 € | 20 · 50 € | 50 · 20 € | 100 · 10 € | 200 · 5 € |
| 4 000 € | 8 · 500 € | 40 · 100 € | 80 · 50 € | 200 · 20 € | 400 · 10 € | 800 · 5 € |
| 500 € | 1 · 500 € | 5 · 100 € | 10 · 50 € | 25 · 20 € | 50 · 10 € | 100 · 5 € |
| 1 500 € | 3 · 500 € | 15 · 100 € | 30 · 50 € | 75 · 20 € | 150 · 10 € | 300 · 5 € |

## Seite 66

3. a) 145 ct b) 307 ct c) 1 ct
   936 ct 5 ct 10 ct

4. a) 8 € 2 ct = 8,02 €
   6 € 17 ct = 6,17 €
   12 € 30 ct = 12,30 €
   b) 0 € 17 ct = 0,17 €
   0 € 85 ct = 0,85 €
   0 € 5 ct = 0,05 €

5. 14,73 € > 4,73 € > 439 ct >
   4,37 € > 1,73 € > 0,73 € >
   39 ct > 37 ct

6. a) 3,25 € > 320 ct
   118 ct = 1,18 €
   b) 0,35 € < 0,53 €
   417 ct > 3,17 €
   c) 21,85 € > 20,85 €
   51 ct = 0,51 €

## Seiten 67 – 68

1. a) 5,40 € b) 7,10 €
   6,00 € 8,95 €
   c) 9,60 € d) 4,20 €
   7,20 € 6,50 €

2. a)

$$\begin{array}{r} 1\,427 \text{ ct} \\ +\ 1\,935 \text{ ct} \\ +\ 84 \text{ ct} \\ \hline 3\,446 \text{ ct} \\ = 34{,}46\ € \end{array} \qquad \begin{array}{r} 45 \text{ ct} \\ +\ 1\,127 \text{ ct} \\ +\ 14\,525 \text{ ct} \\ \hline 15\,697 \text{ ct} \\ = 156{,}97\ € \end{array}$$

   b)

$$\begin{array}{r} 853\,127 \text{ ct} \\ -\ 65\,334 \text{ ct} \\ \hline 787\,793 \text{ ct} \\ = 7877{,}93\ € \end{array} \qquad \begin{array}{r} 119\,530 \text{ ct} \\ -\ 86\,745 \text{ ct} \\ \hline 32\,785 \text{ ct} \\ = 327{,}85\ € \end{array}$$

   c)

$$\begin{array}{r} 1\,248 \text{ ct} \cdot 37 \\ \hline 3\,744\phantom{0} \\ 8\,736 \\ \hline 46\,176 \text{ ct} \\ = 461{,}76\ € \end{array} \qquad \begin{array}{r} 97 \text{ ct} \cdot 45 \\ \hline 388\phantom{0} \\ 485 \\ \hline 4\,365 \text{ ct} \\ = 43{,}65\ € \end{array}$$

   d) 21 384 ct : 8 = 2 673 ct = 26,73 €

$$\begin{array}{l} 16 \\ \hline \ 53 \\ \ 48 \\ \hline \ \ 58 \\ \ \ 56 \\ \hline \ \ \ 24 \\ \ \ \ 24 \\ \hline \ \ \ \ 0 \end{array}$$

   56 160 ct : 6 = 9 360 ct = 93,60 €

$$\begin{array}{l} 54 \\ \hline \ 21 \\ \ 18 \\ \hline \ \ 36 \\ \ \ 36 \\ \hline \ \ 00 \\ \ \ \ 0 \\ \hline \ \ \ 0 \end{array}$$

3. a)

$$\begin{array}{r} 24{,}56\ € \\ +\ 19{,}08\ € \\ +\ 5{,}66\ € \\ \hline 49{,}30\ € \end{array} \qquad \begin{array}{r} 425{,}10\ € \\ +\ 86{,}45\ € \\ +\ 0{,}75\ € \\ \hline 512{,}30\ € \end{array}$$

   b)

$$\begin{array}{r} 132{,}75\ € \\ -\ 81{,}54\ € \\ \hline 51{,}21\ € \end{array} \qquad \begin{array}{r} 374{,}38\ € \\ -\ 147{,}16\ € \\ -\ 8{,}35\ € \\ \hline 218{,}87\ € \end{array}$$

4. a)

$$\begin{array}{r} 4{,}15\ € \\ +\ 21{,}50\ € \\ +\ 9{,}75\ € \\ \hline 35{,}40\ € \end{array}$$

   A: Vor dem Sonderangebot müsste sie 35,40 € bezahlen.

   b)

$$\begin{array}{r} 3{,}75\ € \\ +\ 18{,}90\ € \\ +\ 7{,}80\ € \\ \hline 30{,}45\ € \end{array}$$

   A: Beim Sonderangebot müsste sie 30,45 € bezahlen.

   c)

$$\begin{array}{r} 35{,}40\ € \\ -\ 30{,}45\ € \\ \hline 4{,}95\ € \end{array}$$

   A: Sie kann 4,95 € sparen.

5. a) 1. Supermarkt:

$$\begin{array}{r} 0{,}86\ € \\ +\ 1{,}19\ € \\ +\ 2{,}18\ € \\ \hline 4{,}23\ € \end{array}$$

   A: Im ersten Supermarkt müsste sie 4,23 € bezahlen.

   b) 2. Supermarkt:

$$\begin{array}{r} 0{,}89\ € \\ +\ 1{,}05\ € \\ +\ 2{,}07\ € \\ \hline 4{,}01\ € \end{array}$$

   A: Im zweiten Supermarkt müsste sie 4,01 € bezahlen.

c) Ersparnis: 4,23 € – 4,01 € = 0,22 €
A: Sie kann 0,22 € sparen.

## Seiten 70 – 71: Test

1. a) 3,04 €
0,93 €
8,60 €
**3 P.**

b) 30,25 €
0,04 €
16,02 €
**3 P.**

2. a) 125 ct
604 ct
1 030 ct
**3 P.**

b) 50 ct
13 307 ct
2 ct
**3 P.**

3. a)
```
   285,17 €
 +  41,93 €
 +   2,04 €
 ----------
   329,14 €
```
**1 P.**

b)
```
   1 795,13 €
 –   622,09 €
 –    15,80 €
 ------------
   1 157,24 €
```
**1 P.**

c)
```
38 714 ct · 28
--------------
      77 428
      309 712
   ---------
   1 083 992 ct
```
= 10 839,92 €
**1 P.**

d) 276,80 € : 8 = 34,60 €
27 680 ct : 8 = 3 460 ct
```
24
 36
 32
  48
  48
   00
    0
    0
```
**1 P.**

4. a) 6 · 25 ct + 4 · 125 ct + 275 ct =
= 150 ct + 500 ct + 275 ct =
= 925 ct = 9,25 €
A: Frau Koch muss 9,25 € bezahlen.
**2 P.**

b) 50 € – 9,25 € = 40,75 €
A: Sie bekommt 40,75 € zurück.
**2 P.**

5. a) A: Der 1. Kunde hat 2 Würstchen und 1 Brötchen gekauft.
Der 2. Kunde hat 1 Würstchen und 2 Brötchen gekauft.
Der 3. Kunde hat 2 Würstchen gekauft.
Der 4. Kunde hat 3 belegte Brötchen gekauft.
**4 P.**

b)
```
    3,40 €
 +  2,60 €
 +  2,80 €
 +  1,80 €
 ---------
   10,60 €
```
A: Der Stand hat 10,60 € eingenommen.
**1 P.**

c) 17 · 0,60 € = 10,20 €;
22 · 1,40 € = 30,80 €;
10,20 € + 30,80 € = 41 €
A: Der Stand hat nun schon 41 € eingenommen.
**3 P.**

d) 166,80 € : 8 = 20,85 €.
A: Jede Klasse erhält 20,85 €.

16 680 ct : 8 = 2 085 ct
```
16
 06
  0
  68
  64
   40
   40
    0
```
**1 P.**

6. | 0,70 € | < | 77 ct | < | 211 ct | < | 7,70 € | < | 20 € 1 ct | < | 21 € |

**6 P.**

**35 – 30 Punkte:**
Du scheinst mit deinem Taschengeld gut umgehen zu können. Außerdem verstehst du es, auch mit höheren Geldbeträgen zu rechnen. Mach weiter so!

**29 – 23 Punkte:**
Wenn dir Rechenfehler unterlaufen sind, heißt das natürlich nicht, dass du nicht mit Geld umgehen kannst. Rechenfehler haben mit den Größen nichts zu tun. Schau dir genau an, wo deine Rechenfehler liegen und übe in den entsprechenden Rechenkapiteln mit den Übungsaufgaben. Beachte dabei genau die Regeln und Tipps. Liegen deine Fehler eher im Bereich des Umwechselns von Geld, solltest du öfter mit jemandem einkaufen gehen und an der Kasse z. B. das Wechselgeld im Kopf auszurechnen versuchen.

**weniger als 23 Punkte:**
Mach dir noch einmal genau klar, dass 1 € = 100 ct sind und dass du für 100 ct zehn 10-ct-Stücke bekommst oder fünf 20-ct-Stücke oder zwei 50-ct-Stücke. Frage deine Eltern, ob sie dir dein Taschengeld nicht in kleineren Münzen geben können, mit denen du Wechselübungen machen kannst. Vielleicht hast du auch noch das Spielgeld aus den ersten Klassen? Lege dir auch eine Tabelle an – wie du sie auf Seite 66 findest – und trage dort die Geldbeträge ein, die du an einem oder mehreren Tagen ausgegeben hast. Addiere die Geldbeträge in der Tabelle, und wandle sie „zum Spaß" auch in Cent um.

## Seite 72 – 74

1.

| | m | cm | Kommazahl |
|---|---|---|---|
| 4 m 25 cm | 4 | 25 | 4,25 m |
| 3 m 78 cm | 3 | 78 | 3,78 m |
| 35 cm | 0 | 35 | 0,35 m |
| 12 m 5 cm | 12 | 5 | 12,05 m |
| 8 cm | 0 | 8 | 0,08 m |

2. a) 317 cm, 5 cm, 412 cm, 817 cm
   b) 3201 cm, 80 cm, 155 cm, 1 cm
   c) 3580 cm, 4600 cm, 304 cm, 1200 cm

3. a) 0,17 m, 8,20 m, 0,04 m, 32,15 m
   b) 5,00 m, 3,35 m, 0,12 m, 0,02 m
   c) 81,40 m, 90,00 m, 4,25 m, 0,25 m

4.

| | m | dm | cm | Kommazahl |
|---|---|---|---|---|
| 4 m 25 cm | 4 | 2 | 5 | 4,25 m |
| 3 m 12 cm | 3 | 1 | 2 | 3,12 m |
| 48 cm | 0 | 4 | 8 | 0,48 m |
| 7 cm | 0 | 0 | 7 | 0,07 m |
| 25 m 40 cm | 25 | 4 | 0 | 25,40 m |

5. a) 180 dm, 90 dm, 30 dm
   b) 190 cm, 50 cm, 200 cm
   c) 8 m, 12 m, 25 m

6. a) 4,5 cm, 8,2 cm, 19,1 cm, 0,5 cm
   b) 38 mm, 129 mm, 7 mm, 156 mm

7.

| | km | m | Kommazahl |
|---|---|---|---|
| 4 km 250 m | 4 | 250 | 4,250 km |
| 3 km 168 m | 3 | 168 | 3,168 km |
| 525 m | 0 | 525 | 0,525 km |
| 17 km 800 m | 17 | 800 | 17,800 km |
| 5 km 60 m | 5 | 60 | 5,060 km |

8. a) 2750 m, 8125 m, 950 m, 50 m
   b) 12125 m, 28000 m, 840 m, 7000 m
   c) 5 m, 80 m, 700 m, 3000 m

9. a) 1,450 km, 7,200 km, 8 km, 0,500 km
   b) 16,250 km, 23,500 km, 9,300 km, 0,800 km
   c) 24 km, 7,500 km, 0,100 km, 6,100 km

## Seite 75

1. 1,65 m > 1,56 m > 147 cm > 1,45 m > 141 cm

2. a) 2,50 m = 250 cm
   4,3 cm > 35 mm
   8,40 m = 840 cm
   b) 6500 m > 0,650 km
   0,43 m < 46 cm
   1,800 km = 1800 m
   c) 0,37 m > 28 cm
   148 cm < 1,49 m
   6,50 m > 65 cm

3. a) 425 cm + 148 cm + 46 cm = 619 cm = 6,19 m
   7125 m + 876 m + 521 m = 8522 m = 8,522 km
   b) 5405 m − 3420 m = 1985 m = 1,985 km
   484 cm − 359 cm = 125 cm = 1,25 m

4. a) 3120 m · 15 = 46800 m = 46,800 km
3680 cm · 23 = 84640 cm =
= 846,40 m
842 m · 17 = 14314 m = 14,314 km
b) 7254 m : 9 = 806 m = 0,806 km
3915 cm : 5 = 783 cm = 7,83 m
19404 m : 12 = 1617 m = 1,617 km

## Seiten 76 – 77

1. a) 12847 km – 12533 km = 314 km
A: Am ersten Tag hat er 314 km zurückgelegt.

km täglich

$$\begin{array}{rr} & 314\text{ km} \\ + & 273\text{ km} \\ + & 756\text{ km} \\ + & 355\text{ km} \\ + & 874\text{ km} \\ \hline & 2572\text{ km} \end{array}$$

b) A: 2572 km ist er in der Woche gefahren.
Du kannst auch so rechnen:
15105 km – 12533 km = 2572 km

2. a) 76 km + 76 km + 68 km + 68 km =
= 288 km
A: Der kürzeste Weg ist A-B-A-C-A.
b) 68 km + 112 km + 112 km + 68 km =
= 360 km
A: Der Weg A-C-E-A ist 360 km lang.
c) 76 km + 231 km + 215 km = 522 km
A: Die Strecke A-B-D-A ist 522 km lang.
d) 68 km + 112 km + 126 km +
+ 215 km = 521 km
A: Die Strecke A-C-E-D-A ist 521 km lang.

e)

$$\begin{array}{rr} & 288\text{ km} \\ + & 360\text{ km} \\ + & 522\text{ km} \\ + & 521\text{ km} \\ \hline & 1691\text{ km} \end{array}$$

A: Herr Huber ist an den 4 Tagen 1691 km gefahren.

3. a)

$$\begin{array}{rr} & 45{,}4\text{ km} \\ + & 36{,}7\text{ km} \\ + & 68{,}0\text{ km} \\ + & 59{,}1\text{ km} \\ + & 40{,}0\text{ km} \\ + & 35{,}5\text{ km} \\ \hline & 284{,}7\text{ km} \end{array}$$

A: Die Gesamtstrecke beträgt 284,7 km.

b)

$$\begin{array}{rr} & 300{,}0\text{ km} \\ - & 284{,}7\text{ km} \\ \hline & 15{,}3\text{ km} \end{array}$$

A: An 300 km fehlen Jürgen noch 15,3 km.

4. a) Die Leiste muss 3,54 m lang sein. Du bekommst diesen Wert aus folgender Addition:

$$\begin{array}{rr} & 112\text{ cm} \\ + & 112\text{ cm} \\ + & 65\text{ cm} \\ + & 65\text{ cm} \\ \hline & 354\text{ cm} \\ = & 3{,}54\text{ m} \end{array}$$

b) 354 cm · 12 = 4248 cm = 42,48 m
A: Man benötigt 42,48 m Leiste.

5. a) 425 m · 15 = 6375 m = 6,375 km
b) 425 m · 18 = 7650 m = 7,650 km
c) 10,000 km – 6,375 km = 3,625 km
10,000 km – 7,650 km = 2,350 km
A: Kim fehlen noch 3,625 km,
Maike fehlen noch 2,350 km.

6.

| a) | b) | c) |
|---|---|---|
| 50 cm | 500 m | 5 mm |
| 25 cm | 250 m | 2,5 mm |
| 75 cm | 750 m | 7,5 mm |

7. a) 1 km + $\frac{1}{2}$ km = 1500 m
2 km + $\frac{1}{4}$ km = 2250 m
3 km + $\frac{3}{4}$ km = 3750 m
b) $1\frac{1}{2}$ m = 150 cm
$2\frac{1}{4}$ m = 225 cm
$3\frac{3}{4}$ m = 375 cm

8. a) $\frac{1}{4}$ m; $\frac{1}{2}$ m; $\frac{3}{4}$ m
b) $\frac{1}{2}$ km; $\frac{1}{4}$ km; $\frac{3}{4}$ km
c) $1\frac{1}{4}$ m; $1\frac{1}{2}$ m; $1\frac{3}{4}$ m

## Seiten 78 – 81

1. a) Länge des Autos im Bild: 4 cm
Länge des Autos in Wirklichkeit:
4 cm · 10 = 40 cm
Höhe des Autos im Bild: 2 cm
Höhe des Autos in Wirklichkeit:
2 cm · 10 = 20 cm

## Seiten 78–81

1. b) 8 cm · 10 = 80 cm
   4,7 cm · 10 = 47 cm
   A: In Wirklichkeit ist der Lkw 80 cm lang und 47 cm hoch.

2. a) Länge des Zimmers:
   6 cm · 100 = 600 cm = 6 m
   Breite des Zimmers:
   4,5 cm · 100 = 450 cm = 4,5 m
   b) Breite der Tür:
   0,8 cm · 100 = 80 cm = 0,8 m
   Breite des Fensters:
   2 cm · 100 = 200 cm = 2 m
   c) Länge: 6 cm · 100 = 600 cm = 6 m
   Breite: 5 cm · 100 = 500 cm = 5 m

3. a) 8100 cm = 81 m
   43000 m = 43 km
   48000 cm = 480 m
   4000 cm = 40 m
   19000 m = 19 km
   80 mm = 8 cm
   b) 36000 m : 1000 = 36 m
   7000 m : 100 = 70 m
   410 mm : 10 = 41 mm
   8000 m : 100 = 80 m
   9000 cm : 1000 = 9 cm
   70 mm : 10 = 7 mm

4. 49 mm · 100 = 4900 mm =
   = 490 cm = 4,9 m
   36 dm · 1000 = 36000 dm =
   = 3600 m = 3,6 km
   7 mm · 100 = 700 mm =
   = 70 cm = 0,7 m
   32 mm · 10 = 320 mm =
   = 32 cm = 0,32 m

5. 300 cm : 10 = 30 cm = 0,3 m
   1500 m : 1000 = 150000 cm : 1000 =
   = 150 cm = 1,50 m
   3500 mm : 100 = 35 mm = 3,5 cm
   800 m : 1000 = 80000 cm : 1000 =
   = 80 cm = 0,8 m

6. a) 800 cm = 18 m
   35000 m = 35 km
   5000 cm = 50 m
   120 mm = 12 cm
   b) 14 m
   15 cm
   28 mm
   7000 cm : 100 = 70 cm = 0,7 m
   c) 350 cm = 3,5 m
   7 km
   820 m = 0,820 km
   300 m = 0,3 km

7. Maßstab 1 : 100

| Länge im Grundriss | Länge in Wirklichkeit |
|---|---|
| 4,5 cm | 4,5 cm · 100 = 4,50 m |
| 3,8 cm | 3,8 cm · 100 = 3,80 m |
| 0,7 cm | 0,7 cm · 100 = 0,70 m |

8. Maßstab 1 : 10

| Länge in d. Abbildung | Länge in Wirklichkeit |
|---|---|
| 3,2 cm | 3,2 cm · 10 = 32 cm |
| 12 cm | 12 cm · 10 = 1,2 m |
| 0,8 cm | 0,8 cm · 10 = 80 cm |

9. a) Länge im Maßstab 1 : 100 beträgt 8 cm
   Breite im Maßstab 1 : 100 beträgt 5 cm
   b) Länge im Maßstab 1 : 10 beträgt 8 m : 10 = 80 cm
   Breite im Maßstab 1 : 10 beträgt 5 m : 10 = 50 cm

10. Maßstab 1 : 100

| Länge in Wirklichkeit | Länge im Grundriss |
|---|---|
| 12 m | 12 m : 100 = 12 cm |
| 15,5 m | 15,5 m : 100 = 15,5 cm |
| 31,2 m | 31,2 m : 100 = 31,2 cm |

11. Maßstab 1 : 10

| Länge in Wirklichkeit | Länge im Grundriss |
|---|---|
| 35 cm | 35 cm : 10 = 3,5 cm = = 35 mm |
| 12 cm | 12 cm : 10 = 1,2 cm = = 12 mm |
| 9 cm | 9 cm : 10 = 0,9 cm = = 9 mm |

12. a) Bilderrahmen:

| Länge in Wirklichkeit | Länge in der Abbildung |
|---|---|
| 50 cm | 5 cm |
| 33 cm | 3,3 cm |

Hier wurde der Maßstab 1 : 10 verwendet.

b) Radiergummi:

| Länge in Wirklichkeit | Länge in der Abbildung |
|---|---|
| 6 cm | 30 cm |
| 2 cm | 1 cm |

Hier wurde der Maßstab 1 : 2 verwendet.

c) Bleistift:

| Länge in Wirklichkeit | Länge in der Abbildung |
|---|---|
| 20 cm | 4 cm |

Hier wurde der Maßstab 1 : 5 verwendet.

## Seiten 84 – 85: Test

1. a) 417 cm, 7 cm, 503 cm **3 P.**
   b) 47 mm, 603 mm, 2 mm **3 P.**
   c) 48 788 m, 10 950 m, 83 m **3 P.**

2. a) 7,28 m, 0,16 m, 13,80 m **3 P.**
   b) 4,7 cm, 14,6 cm, 0,5 cm **3 P.**
   c) 2,178 km, 0,481 km, 87,024 km **3 P.**

3. a)
   3 750 m
   \+ 812 m
   \+ 2 m
   4 564 m
   = 4,564 km
   **2 P.**

   b)
   63 970 mm
   − 230 mm
   − 527 mm
   63 213 mm
   = 6321,3 cm
   **2 P.**

   c) 389 570 m · 8 = 3 116 560 m =
   = 3 116,56 km
   **2 P.**

   d) 5 616 cm : 6 = 936 cm = 9,36 m
   **2 P.**

4. Jan: 0,850 km = 850 m
   Lisa: 77 550 cm = 775 m 50 cm
   Carmen: 2 500 Schritte · 30 cm =
   = 75 000 cm = 750 m
   Thorsten: 2 200 Schritte · 35 cm =
   = 77 000 cm = 770 m

   Sortiere so: 750 m < 770 m <
   775 m 50 cm = 775,50 m < 850 m
   **5 P.**

5. a)

| Länge in der Abbildung | Länge in Wirklichkeit |
|---|---|
| 3,7 cm | 3,70 m |
| 10,8 cm | 10,80 m |
| 0,4 cm | 0,40 m |

**3 P.**

b)

| Länge in Wirklichkeit | Länge in der Abbildung |
|---|---|
| 28 m | 28 cm |
| 12,4 m | 12,4 cm |
| 8 m | 8 cm |

**3 P.**

6. a) Der Tiger ist verkleinert 2,6 cm lang und 1 cm hoch. Er passt in den Rahmen.
   **2 P.**
   b) Das Scateboard ist verkleinert 4,5 cm lang und 1,3 cm hoch. Es passt nicht in den Rahmen.
   **2 P.**
   c) Der Baum ist verkleinert 2,5 cm hoch und 2 cm breit. Er passt in den Rahmen.
   **2 P.**

**43 – 37 Punkte:**
Längen, Kommazahlen, Umwandlungen und Maßstäbe bereiten dir keine Schwierigkeiten. Du hast ein ausgeprägtes Vorstellungsvermögen von Größenverhältnissen. Großartig!

**36 – 28 Punkte:**
Wenn du mit dem Umgang von Maßstäben Probleme hattest, solltest du dich mit praktischen Beispielen befassen. Miss mit deinem Lineal z. B. eine Postkate aus und schreibe die Ergebnisse (Länge und Breite) in Millimeter auf. Dividiere die Werte nun durch 10 und

zeichne die Postkarte verkleinert in dein Heft. Wenn die Form deiner Zeichnung der Form der echten Postkarte gleicht, hast du richtig gearbeitet. Zeichne nun eine kompliziertere Form (vielleicht einen Buchstaben) in dein Kästchenheft. Miss jede Strecke aus, schreibe die Maße auf und dividiere sie durch 2. Zeichne die Form nun mit den neuen Maßen in dein Heft und vergleiche wieder.
Wenn dir der Umgang mit Kommazahlen noch Schwierigkeiten macht, schau dir in der Zusammenfassung noch einmal genau die Position des Kommas bei einer Zahl an und vergleiche sie mit dem Stellenwert in der Tabelle (S. 82).

**weniger als 28 Punkte:**
Der Umgang mit Längen gelingt dir noch nicht so sicher. Schreibe dir zur Hilfe doch eigene Umrechnungstabellen mit deinen Zahlen auf, nachdem du dich jeweils mit einem Lineal vergewissert hast (geht so natürlich nur mit kleinen Längen). Du könntest eine Tabelle wie folgt anfangen:

5 cm enthalten 50 mm
10 cm enthalten dann 100 mm
50 cm ...
100 cm ...

Selbstverständlich kannst du dabei mehr oder weniger Schritte einbauen, ganz wie es dir zum Verständnis hilft. Bestimmt wirst du beim Betrachten deiner Tabellen auch Zusammenhänge erkennen, sodass dir das Umrechnen immer leichter fallen wird.

## Seiten 86 – 87

Beim Umwandeln von Zeitmaßen musst du besonders aufpassen. Hier muss man mit 60 multiplizieren oder durch 60 dividieren.

1. a)

| Sekunden |
|---|
| 180 s |
| 300 s |
| 600 s |
| 480 s |
| 720 s |

b)

| Sekunden |
|---|
| 60 s |
| 30 s |
| 15 s |
| 45 s |
| 90 s |

c)

| Minuten |
|---|
| 4 min |
| 2 min |
| 8 min |
| 10 min |
| 20 min |

d) Diese Umrechnungen sind etwas schwierig, weil jeweils 2 Zeiteinheiten auftauchen. Die Umwandlung von 100 s in Minuten und Sekunden solltest du so ausführen:
100 Sekunden : 60 =
= 1 Minute + 40 Sekunden als Rest, also 100 s = 1 min 40 s

100 s = 1 min 40 s
150 s = 2 min 30 s
210 s = 3 min 30 s
240 s = 4 min
250 s = 4 min 10 s

e) 2 min 10 s kannst du so in Sekunden umwandeln:
2 min = 2 · 60 s = 120 s
2 min 10 s = 120 s + 10 s = 130 s

2 min 10 s = 130 s
3 min 20 s = 200 s
5 min 8 s = 308 s
4 min 25 s = 265 s
6 min 12 s = 372 s

2. a)

| Minuten |
|---|
| 240 min |
| 180 min |
| 600 min |
| 480 min |
| 720 min |

b)

| Minuten |
|---|
| 60 min |
| 30 min |
| 15 min |
| 45 min |
| 90 min |

c)

| Stunden |
|---|
| 3 h |
| 4 h |
| 8 h |
| 10 h |
| 20 h |

d) 80 min = 1 h 20 min
150 min = 2 h 30 min
200 min = 3 h 20 min
310 min = 5 h 10 min
100 min = 1 h 40 min

e) 2 h 30 min = 150 min
4 h 10 min = 250 min
1 h 50 min = 110 min
5 h 5 min = 305 min
7 h 15 min = 435 min

3. Auch beim Rechnen mit Zeitspannen muss man erst alle Maße in die gleiche Einheit umwandeln. Beim Addieren ist es häufig einfacher, die Einheiten getrennt zu addieren und hinterher umzuwandeln.

   Beispiel: 3 min 16 s + 4 min 50 s =
   = 7 min + 66 s = 8 min 6 s
   Dieses Vorgehen ist aber nur bei Additionen sinnvoll. Bei Subtraktionen verrechnet man sich zu leicht. Dort solltest du immer vor der Rechnung umwandeln.

   a) 95 s = 1 min 35 s
   104 s = 1 min 44 s
   75 s + 50 s = 125 s = 2 min 5 s
   180 s = 3 min
   85 s = 1 min 25 s

   b) 85 min = 1 h 25 min
   70 min = 1 h 10 min
   152 min + 50 min = 202 min =
   = 3 h 22 min
   225 min – 3 h 45 min
   125 min = 2 h 5 min

   c) 80 s – 35 s = 45 s
   85 s = 1 min 25 s
   155 s = 2 min 35 s
   95 s = 1 min 35 s
   110 s = 1 min 50 s

   d) 130 min – 50 min = 80 min =
   = 1 h 20 min
   45 min
   105 min = 1 h 45 min
   50 min
   100 min = 1 h 40 min

4. a) 160 s · 3 = 480 s = 8 min
   300 s = 5 min
   390 s = 6 min 30 s
   500 s = 8 min 20 s

   b) 105 min · 4 = 420 min = 7 h
   850 min = 14 h 10 min
   800 min = 13 h 20 min
   255 min = 4 h 15 min

   c) 160 s : 4 = 40 s
   14 s
   55 s
   100 s = 1 min 40 s

   d) 90 min : 5 = 18 min
   35 min
   55 min
   125 min = 2 h 5 min

## Seite 88

Beachte, dass eine Stunde 60 Minuten hat. Du musst deshalb zunächst auf 60 Minuten ergänzen.
Beispiel: 8.15 Uhr → 9.35 Uhr
Rechne so:
60 min – 15 min = 45 min
45 min + 35 min = 80 min = 1 h 20 min
oder so:
8.15 Uhr → 9.15 Uhr

| 1 h |
|---|

9.15 Uhr → 9.35 Uhr

| 20 min |
|---|

also: 1 h 20 min

1. a) 15 min
   1 h 35 min
   2 h 5 min

   b) 1 h 10 min
   20 min
   1 h 5 min

2. | | |
   |---|---|
   | Wochenvorschau: | 30 min |
   | Weltumsegelung: | 45 min |
   | Septimus Siebensohn: | 30 min |
   | Poga 1104: | 45 min |

## Seite 89

1. 7.45 Uhr → 8.30 Uhr → 8.35 Uhr → 9.20 Uhr → 9.40 Uhr → 10.25 Uhr

2. 8.45 Uhr → 9.05 Uhr → 9.35 Uhr → 10.35 Uhr → 11.45 Uhr → 12.30 Uhr

3. Fahrzeiten:
   RE 798: 1 h 17 min = 77 min
   RE 516: 1 h 16 min = 76 min
   RE 714: 1 h 12 min = 72 min
   RE 614: 1 h 16 min = 76 min
   RE 512: 1 h 17 min = 77 min

## Seiten 90 – 91

1. a) Januar: 31 Tage
   Februar: 28 Tage
   (im Schaltjahr 29 Tage)
   März: 31 Tage
   April: 30 Tage
   Du kennst bestimmt die „Handknöchel-Regel“. Mit ihr kann man sich die Anzahl der Tage der einzelnen Monate merken. Jedem „Höcker“ entspricht ein Monat mit 31 Tagen, jedem „Tal“ ein Monat mit 30 Tagen (ausgenommen der Februar).
   b) Du erkennst ein Schaltjahr an der Jahreszahl. Ist die Jahreszahl eine durch 4 teilbare Zahl, so ist es ein Schaltjahr.
   Beispiel:
   1952 : 4 = 488 (Schaltjahr)
   1988 : 4 = 497 (Schaltjahr)
   1990 : 4 = 497 R 2 (kein Schaltjahr)
   2008 : 4 = 502 (Schaltjahr)
   c)

| Jan. | Feb. | Mär. | Apr. | Mai | Jun. |
|---|---|---|---|---|---|
| 31 | 28 | 31 | 30 | 31 | 30 |

| Jul. | Aug. | Sep. | Okt. | Nov. | Dez. |
|---|---|---|---|---|---|
| 31 | 31 | 30 | 31 | 30 | 31 |

2. Bedenke, hier musst du mit 24 multiplizieren bzw. durch 24 dividieren.

a)

| Stunden |
|---|
| 72 h |
| 120 h |
| 48 h |
| 168 h |
| 240 h |

b)

| Stunden |
|---|
| 24 h |
| 12 h |
| 6 h |
| 18 h |
| 36 h |

c)

| Tage |
|---|
| 2 Tg. |
| 10 Tg. |
| 5 Tg. |
| 3 Tg. |
| 6 Tg. |

d) Diese Umwandlungen sind schwieriger, da du 2 Zeiteinheiten berücksichtigen musst.
2 Tg. 5 h kannst du so in Stunden umwandeln:
2 Tg. = 2 · 24 h = 48 h
2 Tg. 5 h = 48 h + 5 h = 53 h
53 h; 248 h; 82 h; 140 h

e) Führe die Umwandlung von 38 Stunden in Tage und Stunden so aus:
38 h : 24 = 1 Tg. + 14 h als Rest, d. h.
38 h = 1 Tg. 14 h
1 Tg. 14 h; 1 Tg. 6 h; 2 Tg. 2 h;
3 Tg. 8 h

3. Jetzt muss man mit 7 multiplizieren oder durch 7 dividieren.

a)

| Tage |
|---|
| 21 Tg. |
| 49 Tg. |
| 70 Tg. |
| 84 Tg. |

b)

| Wochen |
|---|
| 7 Wch. |
| 9 Wch. |
| 10 Wch. |
| 20 Wch. |

c) 26 Tg. → 3 Wch. 5 Tg. =
= 3 · 7 Tg. + 5 Tg. = 26 Tg.
50 Tg.
74 Tg.
87 Tg.

d) 2 Wch. 5 Tg. → 19 Tg. : 7 =
= 2 Wch. + 5 Tg. Rest, also
2 Wch. 5 Tg.
3 Wch. 4 Tg.
4 Wch. 2 Tg.
8 Wch. 6 Tg.

4. Beachte, 1 Jahr hat 12 Monate. Multipliziere mit 12 bzw. dividiere durch 12.

a)

| Monate | |
|---|---|
| 60 Mon. | |
| 120 Mon. | |
| 36 Mon. | |
| 6 Mon. | → 12 Mon. : 2 |
| 3 Mon. | → 12 Mon. : 4 |

b)

| Jahre |
|---|
| 2 J. |
| 5 J. |
| 4 J. |
| 3 J. |
| 10 J. |

c) 3 J. 8 Mon. = 3 · 12 Mon. + 8 Mon. =
= 44 Mon.
70 Mon.
23 Mon.
55 Mon.

d) 45 Mon. : 12 = 3 J. + 9 Mon. Rest,
also 3 J. 9 Mon.
5 J. 4 Mon.
5 J. 10 Mon.
6 J. 8 Mon.

5. a) 3 Wch. 2 Tg. + 5 Wch. 5 Tg. =
= 23 Tg. + 40 Tg. = 63 Tg. = 9 Wch.
51 Tg. = 7 Wch. 2 Tg.
64 Tg. = 9 Wch. 1 Tg.
72 Tg. = 10 Wch. 2 Tg.
Du kannst aber auch so rechnen:
3 Wch. 2 Tg. + 5 Wch. 5 Tg. =
= 8 Wch. 7 Tg. = 9 Wch.

b) 51 Tg. – 26 Tg. = 25 Tg. =
= 3 Wch. 4 Tg.
27 Tg. = 3 Wch. 6 Tg.
33 Tg. = 4 Wch. 5 Tg.
13 Tg. = 1 Wch. 6 Tg.

## Seite 92

1. a) 2 Wch. 3 Tg. + 2 Wch. = 4 Wch. 3 Tg.
4 Wch. = 28 Tg. + 3 Tg. = 31 Tg.

b) 6 Wch. 2 Tg. = 44 Tg.
Tim hat 44 Tage Ferien.

44 Tg.
– 10 Tg. Radtour
– 20 Tg. Ferien mit den Eltern
14 Tg. Rest

A: Für Tim bleiben 14 Tage Ferien übrig.

c) 6 Wch. = 42 Tg.

42 Tg.
– 15 Tg. Winterurlaub
– 8 Tg. Sachsen
– 19 Tg. Sommerurlaub
0 Tg.

A: Herr Müller behält keinen Urlaub übrig.

2. a) 18 Tage
18 Tage
12 Tage

b) 18 Tage
7 Tage
17 Tage

3. a) 31 – 15 = 16;
also 16 Tage im Mai
16 Tg. + 6 Tg. = 22 Tg.
12 Tg. + 12 Tg. = 24 Tg.
27 Tg. + 20 Tg. = 47 Tg.

b) 27 Tg. + 20 Tg. = 47 Tg.
15 Tg. + 19 Tg. = 34 Tg.
7 Tg. + 14 Tg. = 21 Tg.

4. a) 14 – 7 = 7
A: Tina ist 7 Tage weg.

b) 7 + 10 = 17
A: Sie wäre am 17. Mai zurückgekommen.

## Seiten 94 – 95: Test

1. a) 100 s
125 s
**2 P.**

b) 190 min
312 min
**2 P.**

c) 3 min 20 s
7 min 30 s
**2 P.**

d) 4 h 10 min
6 h 10 min
**2 P.**

e) 72 h
120 h
**2 P.**

f) 2 Tg.
$\frac{1}{2}$ Tg.
**2 P.**

2. a) 61 Tg.
90 Tg.
6 Wch. 6 Tg.
14 Wch. 2 Tg.
**4 P.**

b) 36 Mon.
34 Mon.
1 J. 1 Mon.
2 J. 6 Mon.
**4 P.**

3. a) 480 s = 8 min
7 Wch. 5 Tg.
203 s = 3 min 23 s
25 Mon. = 2 J. 1 Mon.
**8 P.**

b) 144 s = 2 min 24 s
6 Mon. = $\frac{1}{2}$ J.
90 min = 1 h 30 min
47 Tg. = 6 Wch. 5 Tg.
**8 P.**

4. A: Es ist dann 19.13 Uhr.
**4 P.**

## Seiten 94 – 95: Test

5. a)

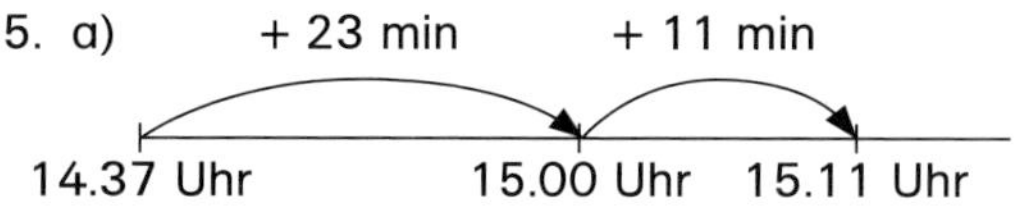


Fahrzeit mit dem Bus:
23 min + 11 min = 34 min
**2 P.**

b)

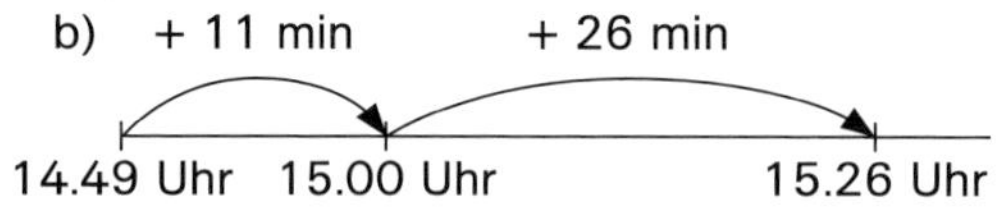


Fahrzeit mit der S-Bahn:
11 min + 26 min = 37 min
**2 P.**

A: Die Busverbindung ist die schnellste.
**1 P.**

6. a)

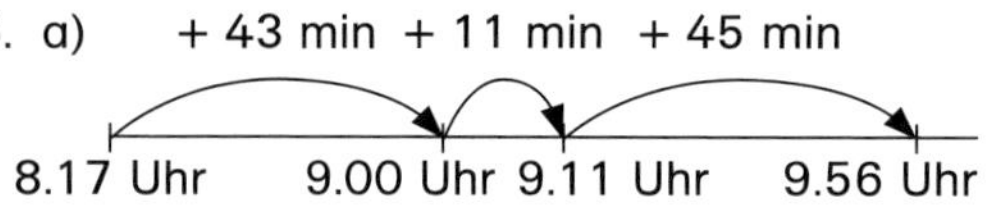


**3 P.**

b) 43 min + 11 min + 45 min = 99 min =
= 1 h 39 min
A: Es liegt 1 h 39 min dazwischen.
**1 P.**

7. a)

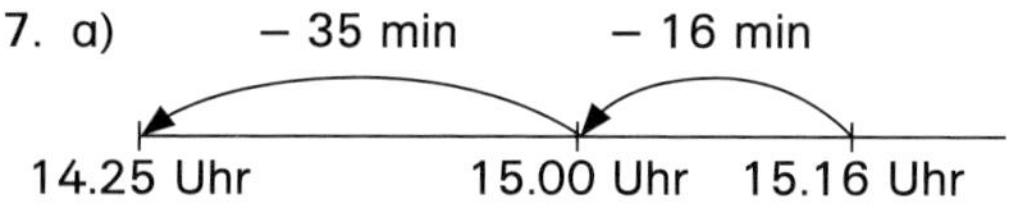


A: Der Film hat um 14.25 Uhr begonnen.
**3 P.**

b)

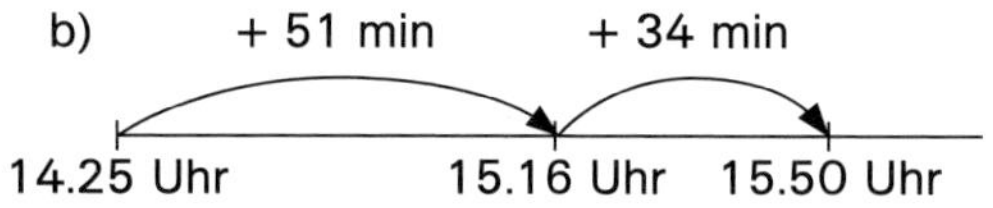


51 min + 34 min = 85 min =
= 1 h 25 min.
A: Der Film dauert insgesamt 1 h 25 min.
**2 P.**

**54 – 46 Punkte:**
Du weißt, wann es Zeit ist, das Richtige zu tun und kannst auf die Sekunde genau rechnen. Das ist schön. Sei trotzdem immer wachsam, und rechne schwierigere Aufgaben lieber noch einmal nach. Der Rechenstrich kann dir dabei hilfreich sein.

**45 – 35 Punkte:**
Das Umrechnen der verschiedenen Zeitangaben solltest du dir einmal gründlich einprägen, wenn du hier Fehler gemacht hast. Schließlich gibt es davon ja eine ganze Menge. Lege dir doch eine eigene Tabelle an. Dann lernst du besser. Du könntest sie so beginnen:
1 Jahr hat 365 Tage
1 Woche hat 7 Tage
1 Tag hat ...
...
1 Minute hat 60 Sekunden.

**weniger als 35 Punkte:**
Im Umgang mit der Zeit bist du noch unsicher. Es wäre hilfreich, wenn du immer eine Uhr bei dir tragen würdest. (Ganz toll wäre eine „altmodische“ Uhr mit Zeigern, die du verstellen kannst.) Dann könntest du dir selbst kleine Aufgaben stellen, z. B.: Wie lange habe ich noch Zeit bis zum Mittagessen? In wie viel Minuten fängt die Pause an? Wie lange bin ich schon unterwegs?

## Seiten 96 – 97

1.

| kg | g | Kommaschreibweise |
|---|---|---|
| 5 | 450 | 5,450 kg |
| 8 | 165 | 8,165 kg |
| 12 | 50 | 12,050 kg |
| 2 | 5 | 2,005 kg |

2. a) 3 kg 700 g = 3,700 kg
6 kg 505 g = 6,505 kg
12 kg 50 g = 12,050 kg
b) 750 g
2 kg 80 g = 2080 g
90 g

3. a) 1,200 kg
0,050 kg
4,500 kg

b) 4,005 kg
15,040 kg
9 kg
0,700 kg

c) 15 kg
1,500 kg
0,150 kg
0,015 kg

4. a) 500 g
250 g
750 g
1 500 g

b) 2 500 g
1 250 g
2 750 g
3 500 g

c) $\frac{1}{4}$ kg
$\frac{1}{2}$ kg
$\frac{3}{4}$ kg
$1\frac{1}{4}$ kg

5.

| t | kg | Kommaschreibweise |
|---|---|---|
| 12 | 500 | 12,500 t |
| 8 | 650 | 8,650 t |
| | 950 | 0,950 t |
| 7 | 80 | 7,080 t |
| 3 | 5 | 3,005 t |

6. a) 9 t 250 kg = 9,250 t
580 kg = 0,580 t
12 t 350 kg = 12,350 t

b) 7 t 235 kg = 7 235 kg
580 kg
58 kg

7. a) 2,500 t
25,600 t
8,000 t

b) 5,080 t
12,000 t
0,900 t
0,080 t

c) 42,000 t
5,600 t
0,070 t
0,005 t

8. a) 2,700 t
81,500 t

b) 0,100 t
3,500 t
12,300 t

c) 0,600 kg
7,200 kg
1,800 kg

## Seiten 98 – 99

1. 5,400 t > 0,540 t > 54 kg >
5 400 g > 0,540 kg

Solltest du Schwierigkeiten beim direkten Größenvergleich haben, so wandle alle Größen in dieselbe Einheit (kg) um.
5400 kg > 540 kg > 54 kg >
> 5,4 kg > 0,54 kg

2. a) 32 kg = 32 000 g
1,8 kg < 18 000 g
0,350 kg < 3 500 g

b) 1,250 t > 125 kg
0,540 t > 54 kg
4,125 t = 4 125 kg

c) 250 kg = $\frac{1}{4}$ t
3 500 kg = 3,5 t
17 000 kg > 1,7 t

3. a) 85 kg
+ 3 712 kg
+ 654 kg
4 451 kg
= 4,451 t

3 875 g
+ 560 g
+ 125 g
4 560 g
= 4,560 kg

b) 9 651 kg
− 873 kg
8 778 kg
= 8,778 t

26 080 g
− 19 503 g
6 577 g
= 6,577 kg

4. a) 12 500 kg · 18
12 500
100 000
225 000 kg = 225 t

b) 8 720 g · 15
8 720
43 600
130 800 g = 130,800 kg

c) 871 g · 21
1 742
871
18 291 g = 18,291 kg

d) 30 375 g : 15 = 2 025 g
= 2,025 kg
30
037
30
75
75
0

e) 3 455 g : 5 = 691 g
= 0,691 kg
30
45
45
05
5
0

f) 7 440 kg : 6 = 1 240 kg
= 1,240 t
6
14
12
24
24
00
0
0

5. a) $\frac{1}{2}$ kg = 500 g
250 g + 125 g + 500 g + 135 g =
= 1 010 g = 1,010 kg
A: Das Päckchen wiegt 1 kg 10 g.

## Seiten 98 – 99

5. b) 2000 g – 1010 g = 990 g
A: Es könnten noch 990 g zugepackt werden.

6. a) 375 g + 1280 g + 425 g +
+ 820 g = 2900 g = 2,900 kg
A: Martin muss 2,9 kg tragen.
b) 280 g + 425 g + 820 g =
= 1525 g = 1,525 kg oder
2900 g – 375 g – 1000 g =
= 1525 g = 1,525 kg
A: Der Rucksack wiegt jetzt 1,525 kg.

7. a)
81,750 kg
+ 65,800 kg
+ 925,000 kg
+ 77,000 kg
1149,550 kg

A: Die Kisten wiegen insgesamt 1149,550 kg.

b)
1500,000 kg
– 1149,550 kg
350,450 kg

A: Es könnten noch 350,450 kg zugeladen werden.

8. a) 180 g · 12 = 2160 g = 2,160 kg
A: Die Päckchen wiegen insgesamt 2,160 kg.
b) 5,880 kg : 12 =
= 5880 g : 12 = 490 g oder 0,490 kg
A: Jedes Päckchen ist 490 g oder 0,490 kg schwer.
c) 15 · 0,490 kg =
= 15 · 490 g = 7350 g oder 7,350 kg
A: 15 Päckchen wiegen 7350 g oder 7,350 kg.

9. a) 8 · 1,280 kg = 10,240 kg
8 · 850 g = 6,800 kg
15 · 1,280 kg = 19,200 kg
15 · 850 g = 12,750 kg
b) 7 · 1,280 kg + 17 · 850 g =
= 8,960 kg + 14,450 kg = 23,410 kg
A: Das Gesamtgewicht beträgt 23,410 kg.
c) 6 · 1,280 kg + 11 · 850 g = 17,030 kg

## Seite 100

1. a) 12000 ml
20000 ml
3000 ml

b) 10 l
2 l
25 l

c) 250 ml
750 ml
1500 ml

d)

| l | ml | Kommaschreibweise |
|---|---|---|
| 5 | 300 | 5,300 l |
| 8 | 250 | 8,250 l |
| | 250 | 0,250 l |
| 1 | 500 | 1,500 l |
| | 800 | 0,800 l |

2. a) 0,100 l
6,200 l
3,500 l

b) 250 ml = 0,250 l
750 ml = 0,750 l
1250 ml = 1,250 l

3. a) 1250 ml + 1500 ml + 700 ml =
= 3450 ml = 3,450 l
A: Das sind 3,450 l.
b) 5000 ml – 3450 ml = 1550 ml =
= 1,550 l
A: Es bleiben 1,55 l im Kanister.

## Seiten 102 – 103: Test

1. a) 3,400 kg
0,200 kg
50,080 kg
**3 P.**

b) 4,670 t
0,381 t
0,087 t
**3 P.**

c) 500 g
$\frac{1}{4}$ kg
750 kg
**3 P.**

d) 780 g
7150 g
23004 g
**3 P.**

e) 3980 kg
41 kg
32130 kg
**3 P.**

2. a) 3000 ml
12000 ml
500 ml
**3 P.**

b) 4 l
15 l
2 l
**3 P.**

c) 8250 ml
250 ml
3500 ml
**3 P.**

3. a)
3421 kg
+ 748 kg
+ 300 kg
4469 kg = 4,469 t
**2 P.**

b) 6427 kg = 6,427 t
**2 P.**
c) 22710 kg = 22,710 t
**2 P.**
d) 589 g = 0,589 kg
**2 P.**

4. a) 703 g < 7,030 kg
8 kg 30 g < 8300 g
4521 g = 4,521 kg
**3 P.**
b) 6,500 kg = 6500 g
6,050 kg > 6005 g
18 kg > 1800 g
**3 P.**
c) 2 t > 200 kg
2 t 100 kg = 2100 kg
1 t 11 kg < 1,11 t
**3 P.**

5. 3,5 kg + 250 g + $\frac{1}{2}$ kg + 2 kg +
+ 750 g + 500 g
3500 g + 250 g + 500 g + 2000 g +
+ 750 g + 500 g = 7500 g = 7,5 kg
A: Frau Schmitt muss 7,5 kg tragen.
**3 P.**

6. a) 6,5 t = 6500 kg
3 t 255 kg = 3255 kg
6500 kg + 928 kg + 3255 kg =
= 10683 kg = 10 t 683 kg = 10,683 t
A: Die Ladung wiegt 10,683 t.
**3 P.**
b) 3900 kg + 10683 kg = 14583 kg =
= 14,583 t
A: Der Lkw wiegt mit Ladung 14,583 t.
**2 P.**

7. a) 400 · 750 ml = 300000 ml = 300 l
A: Pro Stunde sind das 300 l Suppe.
**3 P.**
b) 400 Dosen + 400 Dosen +
+ 200 Dosen = 1000 Dosen

A: In $2\frac{1}{2}$ Stunden werden 1000 Dosen gefüllt.

**2 P.**
c) 900 g · 1000 = 900000 g = 900 kg
A: Die Konservendosen wiegen 900 kg.
**2 P.**

**56 – 47 Punkte:**
Dir ist keine Aufgabe zu schwer! Mit Gewichten kennst du dich aus. Auch Liter und Milliliter sind dir ein Begriff. Mit der Umrechnungszahl 1000 hast du keine Mühe und die Kommasetzung ist dir auch ohne Stellenwerttafel geläufig. Wenn dir einige Fehler unterlaufen sind, können es nur Rechenfehler sein, die du durch konsequentes Nachrechnen auch noch vermeiden könntest.

**46 – 36 Punkte:**
Wenn du übst, solltest du die Zusammenfassung zu diesem Kapitel immer in deiner Nähe haben, um nachzusehen. Besonders verinnerlichen solltest du den Hinweis auf die „überflüssigen Nullen" am Ende von Kommazahlen. Lass dir dazu von einem Freund oder deinen Eltern eine Reihe zusätzlicher Aufgaben stellen, und trage die Zahlen jeweils in eine Stellenwerttafel ein. Du wirst sehen: Das gibt viel Sicherheit.

Hier ein Bespiel:
Wie viel Gramm sind 1,07 kg?

1. Einordnen

| kg | 100 g | 10 g | 1 g |
|---|---|---|---|
| 1 | 0 | 7 | 0 |

2. Verstehen
also: 1070 g

**weniger als 36 Punkte:**
Es würde dir beim Verstehen von Gewichten und Volumen viel helfen, wenn du dich von Schwere und Menge einiger Sachen persönlich überzeugst. Hebe z. B. gleichzeitig zehn Tafeln Schokolade zu je 100 g hoch. Du trägst 1 kg oder 1000 g. Nun lege neun Tafeln wieder zurück. Nun trägst du 100 g. Hast du den Unterschied gemerkt? Wenn ihr zu Hause eine Küchenwaage habt, such dir mit einem oder mehreren Gegenständen ein Kilogramm zusammen. War deine Schätzung ungefähr richtig? Wiege nach. Vergleiche verschiedene Packungsgrößen von Säften oder Joghurt. Um wie viel größer ist eine Getränkepackung von 1000 ml im Vergleich zu einer von 250 ml?
Beginne nun mit einfachen Umwandlungen:

1 l = 1000 ml; die Hälfte also $\frac{1}{2}$ l = 500 ml; usw.

## Seite 105

1. a)
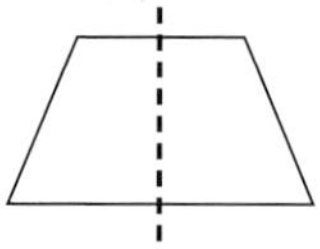
b)
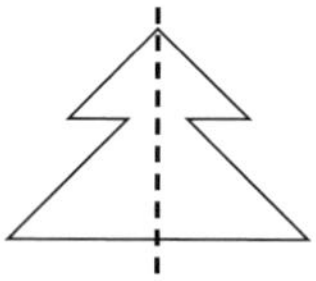
c)
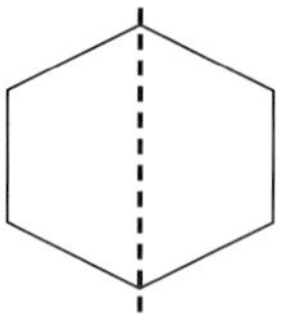

2.
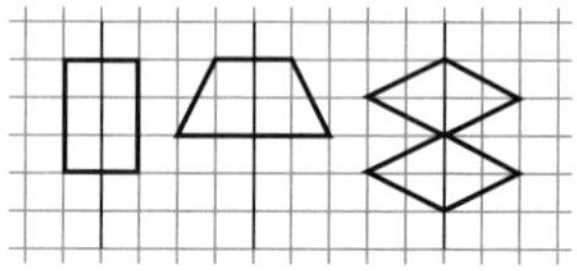

3. a) ja b) nein c) ja

4. a)

b)

a) und b) sind symmetrisch.

## Seiten 106 – 107

1. ja, ja
2. ja, nein, ja
3. a)
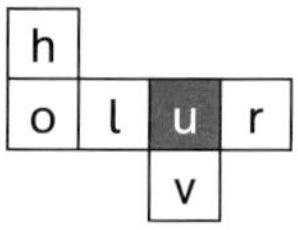

b)
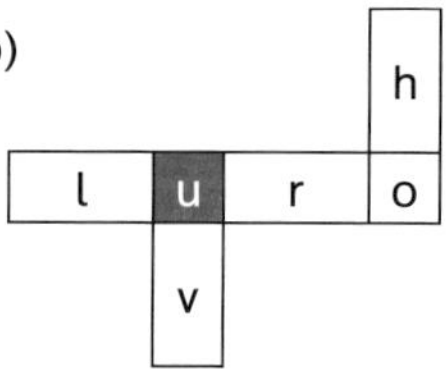

c)
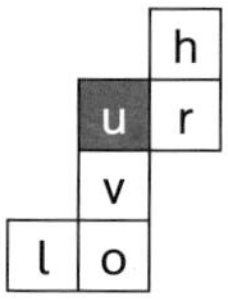

d)
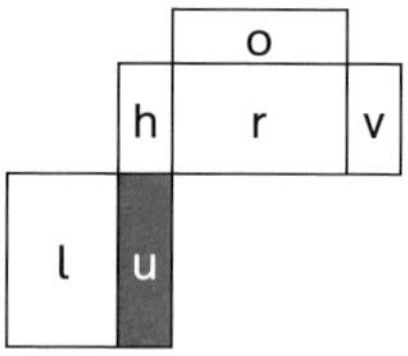


4. a) Der kleine Würfel passt 8-mal in den größeren.
   b) Der kleine Würfel passt 27-mal in den größeren.

## Seite 108

1. a)
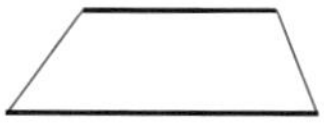
b)
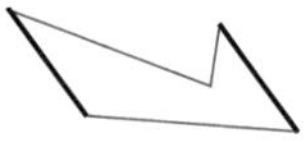
c)
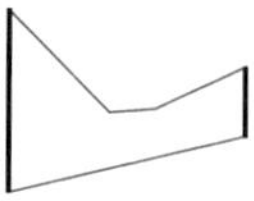
d)
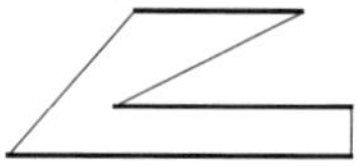

2. a)

b)

c)
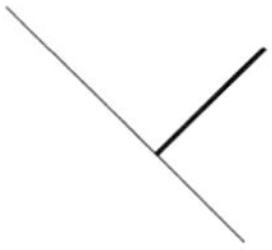
d)
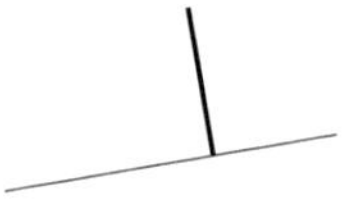

3. a)

b)
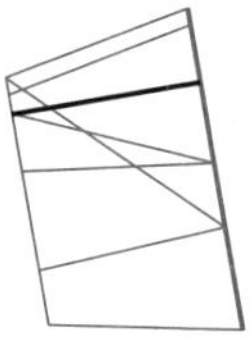

## Seiten 109 – 110

1.
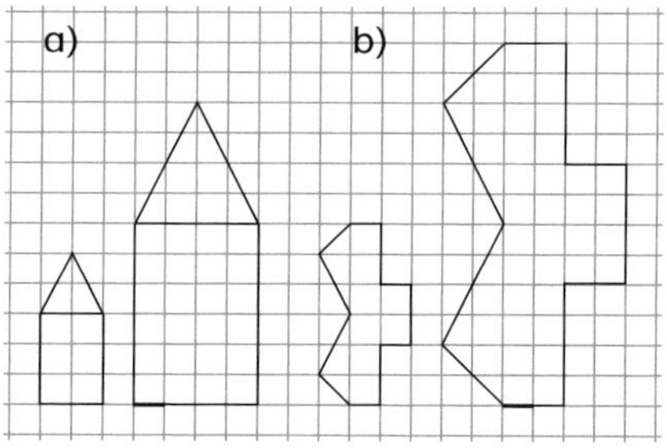


2.
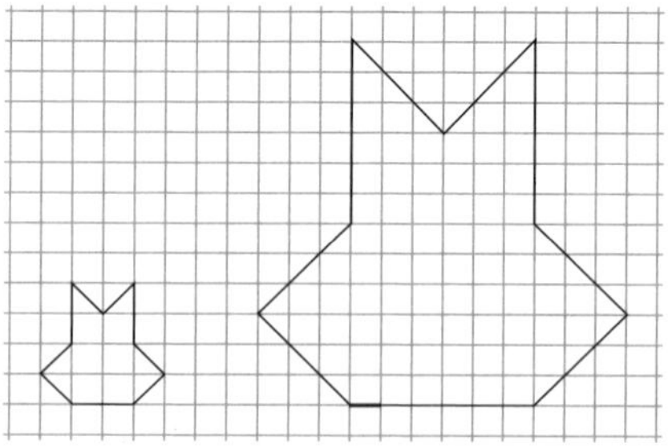

3. 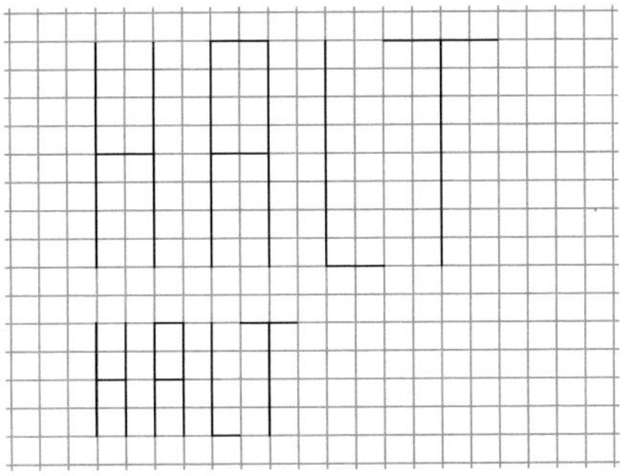

4.

| | |
|---|---|
| Höhe der Puppe auf dem Bild | 6 cm |
| Maßstab | 1 : 6 |
| Höhe der Puppe in Wirklichkeit | 36 cm |

5.

| | | | | |
|---|---|---|---|---|
| Bild | 8 cm | 5 cm | 4 cm | 12 cm |
| Maßstab | 1 : 10 | 5 : 1 | 1 : 100 | 6 : 1 |
| Wirklichkeit | 80 cm | 1 cm | 4 m | 2 cm |

## Seite 111

1.

| | | | | | | |
|---|---|---|---|---|---|---|
| Länge | 23 m | 18 m | 61 m | 20 m | 5 m | 8 m |
| Breite | 11 m | 7 m | 62 m | 19 m | 1 m | 1 m |
| Umfang | 68 m | 50 m | 246 m | 78 m | 12 m | 18 m |

2. a) U = 8 m

b) U = 10 m

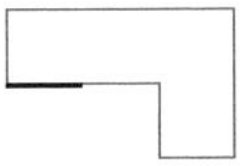

c) U = 8 m

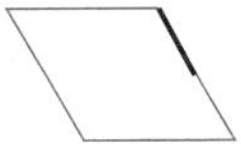

d) U = 12 m

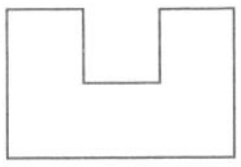

e) Ingos Vater hat insgesamt 38 Leisten. Zusammen sind sie 38 m lang.

## Seiten 113 – 114: Test

1. 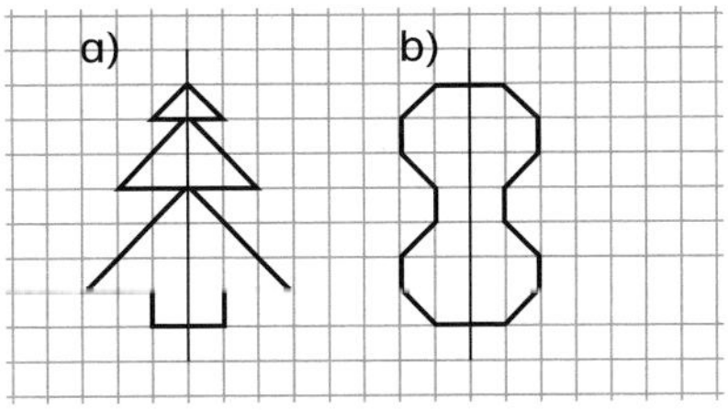


**1 P.** **1 P.**

2. 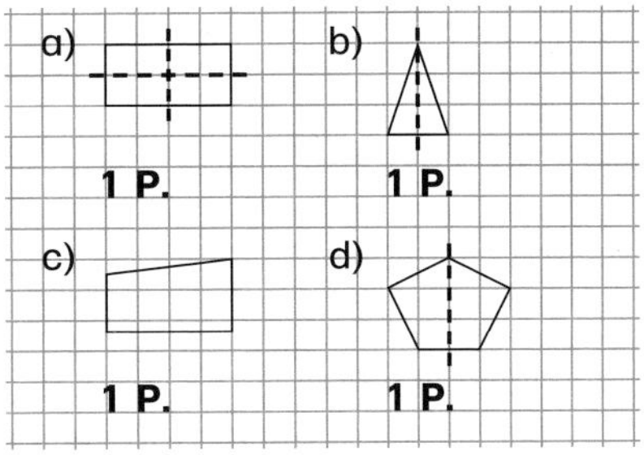


3. Die Netze a), c) und e) sind zu streichen.
**6 P.**

4. 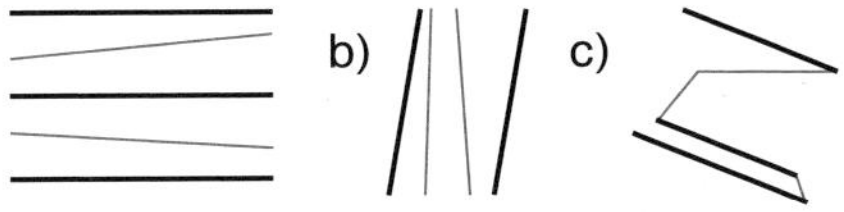


**3 P.** **2 P.** **3 P.**

5. 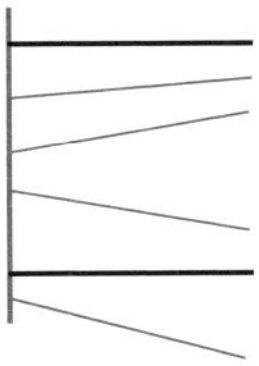


a) und e) stehen senkrecht auf der Grundlinie.
**2 P.**

6. U = 28 cm
**1 P.**

7. 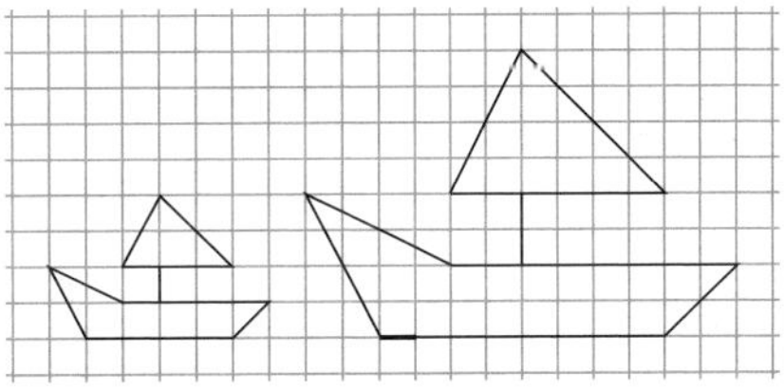

**9 P.**

8.

| | | | | |
|---|---|---|---|---|
| Bild | Dino | Kran | Auto | Haus |
| Maßstab | 1 : 100 | 1 : 200 | 1 : 60 | 1 : 40 |
| Wirk. in m | 8 m | 12 m | 3,60 m | 2,80 m |

**4 P.**

**36 – 31 Punkte:**
Du hast einen ausgeprägten Sinn für Formen und Linien und kannst dir geometrische Figuren gut vorstellen. Deshalb benötigst du keine besonderen Hinweise zum Üben. Aber ein Tipp darf es sein: In der Geometrie

sind genaue Zeichnungen sehr wichtig. Halte deshalb immer ein gutes Lineal (ohne abgebrochene Ecken oder Schachten) und einen gespitzten Bleistift bereit.

**30 – 23 Punkte:**
Egal, wo dir Fehler unterlaufen sind – in allen Bereichen spielt dein Vorstellungsvermögen eine große Rolle. Teste es immer wieder einmal, indem du einen Spielwürfel vor dich legst oder legen lässt. Betrachte ihn genau, und nenne dann die Augenzahlen auf allen Seiten, die du nicht sehen kannst. Aber auch praktische Arbeiten helfen dir zum besseren Verständnis: Überprüfe mit einem Zollstock, ob die gegenüberliegenden Seiten eines Fensters wirklich parallel sind, suche Senkrechten mit dem Geodreieck in deinem Zimmer.

**weniger als 23 Punkte:**
Für dich ist es wichtig, eine Reihe von Übungstipps zu erhalten, die dich an den Umgang mit Linien und Formen stärker heranführen. Probiere es einmal mit den folgenden:
Wenn du ein Rechenheft mit normal großen Kästchen benutzt, gilt: Zwei Kästchen sind 1 cm. Nutze das beim Zeichnen aus, indem du genau auf die Kästchenlinien zeichnest. Aber denke daran, auch für ganz kurze Linien ein Lineal zu benutzen. Lass dir verschieden lange Strecken auf Rechenkästchen zeichnen. Zähle die Kästchen, und nenne dann die Länge der Linien. Überprüfe deine Ergebnisse mit dem Lineal. Schätze nun die Länge von einigen Strecken, die auf blankes Papier gezeichnet sind. Überprüfe auch die mit deinem Lineal. Zeichne mithilfe der Kästchen in deinem Heft einige parallele Linien. Überprüfe die Ergebnisse mit dem Geodreieck. Klappe bei einem alten Schuhkarton (Deckel vorher abnehmen) die vier Seitenwände nach unten auf. Du hast nun fast ein Quadernetz. Aber eine Seite fehlt. Welche? Wo bekommst du sie her und wohin gehört sie? Diese Fragen kannst du sicher leicht beantworten, wenn du mit dem Material arbeitest.

## Seite 116

1. a) 550 ct · 15 = 8 250 ct = 82,50 €
   450 ct · 21 = 9 450 ct = 94,50 €
   325 ct · 30 = 9 750 ct = 97,50 €

   b)
   82,50 €
   \+ 94,50 €
   \+ 97,50 €
   274,50 €

| | | | | | |
|---|---|---|---|---|---|
| 15 | 5,50 € | 21 | 4,50 € | 30 | 3,25 € |
| 82,50 € | | 94,50 € | | 97,50 € | |
| 274,50 € | | | | | |

2. 5 000 g · 25 = 125 000 g
   3 500 g · 12 = 42 000 g
   1 750 g · 9 = 15 750 g
   1 250 g · 15 = 18 750 g

   125,000 kg
   \+ 42,000 kg
   \+ 15,750 kg
   \+ 18,750 kg
   201,500 kg

| | | | | | | | |
|---|---|---|---|---|---|---|---|
| 25 | 5 kg | 12 | 3,500 kg | 9 | 1,750 kg | 15 | 1,250 kg |
| 125 kg | | 42 kg | | 15,75 kg | | 18,75 kg | |
| 201,500 kg | | | | | | | |

3. a) 550 ct · 5 = 2 750 ct = 27,50 €
   375 ct · 6 = 2 250 ct = 22,50 €
   27,50 € + 22,50 € = 50,00 €
   A: Der Gesamtpreis für die ersten beiden Sorten beträgt 50,00 €.
   b) 59,20 € – 50,00 € = 9,20 €
   A: Für die 3. Sorte hat er 9,20 € ausgegeben.
   c) 920 ct : 4 = 230 ct = 2,30 €
   A: Eine Flasche der 3. Sorte kostet 2,30 €.

| | | | | | |
|---|---|---|---|---|---|
| 5 | 5,50 € | 6 | 3,75 € | 4 | 2,30 € |
| 27,50 € | | 22,50 € | | 9,20 € | |
| 59,20 € | | | | | |

4. a)

| | | | | | |
|---|---|---|---|---|---|
| 3 | 2,60 € | 2 | 2,60 € | 4 | 3,20 € |
| 7,80 € | | 5,20 € | | 12,80 € | |
| 25,80 € | | | | | |

   780 ct : 3 = 260 ct = 2,60 €
   5,20 € : 2,60 € = 2
   1 280 ct : 4 = 320 ct = 3,20 €
   7,80 € + 5,20 € + 12,80 € = 25,80 €

b)

| | | | | | |
|---|---|---|---|---|---|
| 2 | 5,90 € | 3 | 1,30 € | 5 | 2,70 € |
| 11,80 € | | 3,90 € | | 13,50 € | |
| 29,20 € | | | | | |

1 180 ct : 2 = 590 ct = 5,90 €
3,90 € : 1,30 € = 3
29,20 € – 11,80 € – 3,90 € = 13,50 €
1 350 ct : 5 = 270 ct = 2,70 €

## Seiten 117–118

1. Verkaufspreis des alten Autos 3 560 € Restbetrag

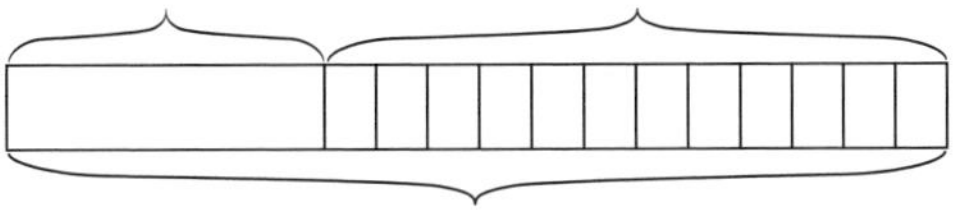

Kaufpreis des neuen Autos 12 800 €

Restbetrag:
12 800 € – 3 560 € = 9 240 €
A: Er muss noch 9 240 € bezahlen.

Monatsrate:
9 240 € : 12 = 770 €
A: Herr Huber muss jeden Monat 770 € bezahlen.

2. bereits gespart 46,50 € fehlender Sparbetrag

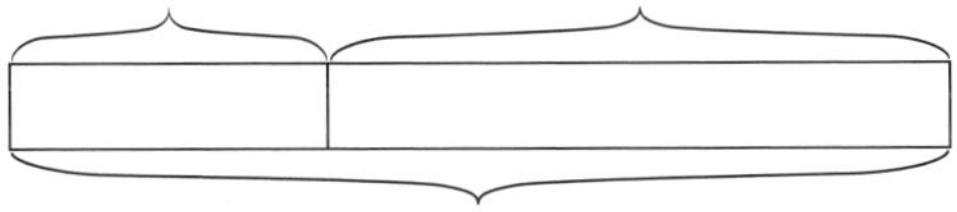

gewünschter Sparbetrag 150 €

1. Schritt: fehlender Sparbetrag:

$$\begin{array}{r} 150{,}00\ € \\ -\ \ 46{,}50\ € \\ \hline 103{,}50\ € \end{array}$$

2. Schritt: Sparbetrag pro Woche:
10 350 ct : 23 = 450 ct = 4,50 €
A: Tina müsste jede Woche 4,50 € sparen.

3. a) 1 h 20 min = 80 min
   A: Der Zug fährt 80 min.
   b) 93 600 m : 80 = 1 170 m = 1,170 km
   A: Er legt durchschnittlich 1,170 km in der Minute zurück.
   c) 1 170 m · 60 = 70 200 m = 70,200 km
   A: In einer Stunde legt er durchschnittlich 70,200 km zurück.

4. a) 7.35 Uhr 8.50 Uhr

153 km

   b) 1 h 15 min = 75 min
   c) 153 000 m : 75 = 2 040 m = 2,040 km
   A: Er legt 2,040 km pro Minute zurück.
   d) 2 040 m · 60 = 122 400 m =
   = 122,400 km
   A: In der Stunde fährt er durchschnittlich 122,40 km.

5.

2,750 km

   a) In 1 Minute schafft er weniger km als in 1 Stunde, nämlich:
   15 km : 60 = 15 000 m : 60 =
   = 250 m = 0,250 km
   b) 2,750 km : 0,250 km =
   = 2 750 m : 250 m =
   = 275 m : 25 m = 11 min
   A: Also braucht er für den Schulweg 11 Minuten.
   c) A: Er muss spätestens um 7.34 Uhr aufbrechen.

## Seiten 119–120

1. a)

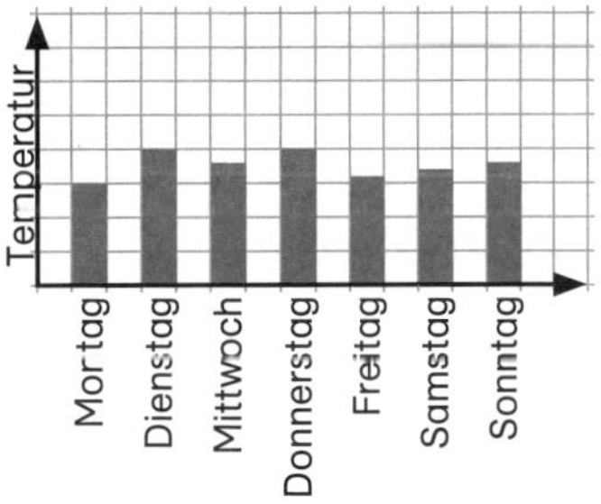


   b) Jedem Kästchen sind 5 °C zugeordnet. Ein Lineal ist nötig, weil 1 mm 1 °C entspricht.
   c) A: Die Summe der Temperaturen ist 126 °C; 126 °C : 7 = 18 °C (mittlere Temperatur).

2. a) Versuch 1: Turm aus 11 Würfeln
   Versuch 2: Turm aus 8 Würfeln
   Versuch 3: Turm aus 14 Würfeln
   b) A: Die Summe aller Würfel ist 50.
   33 Würfel : 3 = 11 Würfel (Mittelwert)

## Seiten 119 – 120

3. a)

| Spiel Nr. | Zuschauer |
|---|---|
| 1 | 3000 |
| 2 | 5000 |
| 3 | 4500 |
| 4 | 5500 |
| 5 | 2500 |

b) A: Die Summe der Zuschauer beträgt 20500.
20500 Zuschauer : 5 =
= 4100 Zuschauer (Mittelwert).

4.

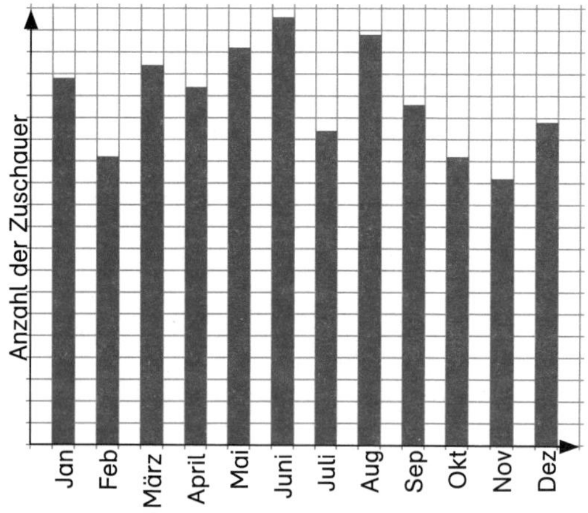


## Seiten 121 – 122

1. a) Unterstreiche: hinzufügt für +, dreimal für ·
97 + 53 = 150; 150 · 3 = 450;
150 + 450 = 600
A: Das Puzzle besteht aus 600 Teilen.
b) Unterstreiche: verteile für :, reduziert für –
96 : 3 = 32; 32 – 17 = 15
A: Inga hat recht.

2. a) Unterstreiche: verteilt für :
116 : 4 = 29
A: Frau Schneider hat 29 Kinder in ihrer Klasse.
b) Unterstreiche: senken für –
43,90 € – 7,27 € = 36,63 €
A: Die Telefonrechnung betrug 36,63 €.

3. Unterstreiche: fünfmal für ·
55 · 5 = 275
A: Es werden 275 Radmuttern benötigt.

4. Unterstreiche: mehr für +, 2-mal für ·
1,23 m + 0,46 m = 1,69 m (Kims Bruder)
1,23 m · 2 = 2,46 m (Kim)

5. Unterstreiche: neunmal für ·
40000 km · 9 = 360000 km
A: Der Mond ist von der Erde etwa 360000 km entfernt.

6. Unterstreiche: pro für :
12240 : 3 = 4080; 4080 : 60 = 68
A: Leons Herz schlägt in der Minute 68-mal.
13680 : 3 = 4560; 4560 : 60 = 76
A: Lisas Herz schlägt in der Minute 76-mal.

7. Unterstreiche: hebt ab für – und überwiesen für +
3236 € – 1024 € = 2212 €;
2212 € + 2318 € = 4530 €
A: Nun hat Herr Schmitz 4530 € auf seinem Konto.

8. Unterstreiche: bringt für –, Hälfte für :, erhält für –, tankt für –
4712 € – 4000 € = 712 €: restliches Geld
712 € : 2 = 356 €: Hälfte des restlichen Geldes
356 € – 300 € = 56 €: Geld zum Tanken
A: Für das Tanken bezahlt er 56 €.

9. Unterstreiche: frisst für –, Hälfte für :, reduziert für –, frisst für –
600 – 240 = 360
360 : 2 = 180
180 – 90 = 90
a) A: Minni bekommt 90 Nüsse.
b) 240 : 30 = 8 frisst Coco pro Tag
180 : 30 = 6 frisst Lora pro Tag
90 : 30 = 3 frisst Tilly
90 : 30 = 3 frisst Minni

## Seite 123

1. Anzukreuzen ist Text b)
738 kg · 17 = 12546 kg
A: Die gesamte Ladung wiegt 12546 kg.

2. Nicht vier, sondern fünf Lottospieler teilen sich ihren Gewinn von 2795 €.
2795 € : 5 = 559 €
A: Jeder Spieler bekommt 559 €.

3. Durchzustreichen sind:
ausgegeben, verloren, mietet, kann, singt
6067 € – 4250 € + 810 € = 2627 €
A: Es bleiben Herrn Meyer noch 2627 €.

## Seite 124

1. Anzukreuzen ist Frage b)
7.32 Uhr + 13 min = 7.45 Uhr
A: Kathrin kam um 7.45 Uhr an der Schule an.

2. Anzukreuzen ist Frage c)
50 € – 36,96 € = 13,04 €
A: Mutter bekommt 13,04 € zurück.

## Seite 125

1. 15,95 € —(– 2,45 €)→ 13,50 € —(– 1,29 €)→ 12,21 €
A: Das Mäppchen kostet nun 12,21 €.

2. 4,50 € —(– 1,25 €)→ 3,25 € —(· 3)→ 9,75 €
A: Lisa hat jetzt 9,75 €.

3. 31,8 kg —(– 1200 g)→ 29,75 kg —(+ 400 g)→ 31 kg
31 kg —(– 400 g)→ 29,75 kg —(+ 1200 g)→ 31,8 kg
A: Vor dem Urlaub wog Nils 31,8 kg.

## Seite 127: Test

1.

| Hefte | | Blöcke | |
|---|---|---|---|
| 24 | 0,65 € | 12 | 0,48 € |
| 15,60 € | | 5,76 € | |
| 21,36 € | | | |

**7 P.**

2.

| Monat | Aug. | Sep. | Okt. | Nov. |
|---|---|---|---|---|
| Zirkusbesucher | 3500 | 7000 | 5500 | 6500 |

**4 P.**

3. Unterstreiche: dreimal, hinzu kommt, pro
3 · 427 € = 1281 €
638 € · 2 = 1276 €
1281 € + 1276 € = 2557 €
A: Der Urlaub kostet Familie Buchholz 2557 €.
**7 P.**

4. Anzukreuzen ist b)
Tanja: 18 km : 2 = 9 km in einer halben Stunde
Britta: 14 km : 2 = 7 km in einer halben Stunde
9 km + 7 km = 16 km
A: Tanja und Britta wohnen 16 km weit voneinander entfernt.
**5 P.**

**23 – 20 Punkte:**
Aufgabentexte sind nicht immer leicht in Rechenaufgaben umzuwandeln. Auch bei Diagrammen muss man oft gut überlegen, um die Ergebnisse richtig zu sehen. Für dich aber sind das keine Probleme. Selbst schwierige Texte verstehst du einwandfrei. Weiter so!

**19 – 15 Punkte:**
Hier und da sind dir Fehler unterlaufen. Das kann verschiedene Gründe haben. Wenn du einige Aufgabentexte nicht richtig verstanden hast, wäre es gut, wenn du dir einen ruhigen Arbeitsplatz suchst, an dem du dir ungestört den Text halblaut (murmelnd) selbst vorlesen kannst. Dann wird er oft klarer. Manchmal hilft es auch, eine Skizze anzulegen, in der du die Situation aufmalst. Wenn du mit verschiedenen Darstellungen (Diagrammen oder Rechenplänen) Probleme hattest, betrachte die Beispiele besonders aufmerksam, zeichne sie nach, fülle sie Schritt für Schritt aus und formuliere dabei jedes Mal eine Erklärung für dich selbst.

**weniger als 15 Punkte:**
Versuche dir die Situationen, die in Aufgabentexten dargestellt sind, immer wie ein Bild vorzustellen. Wenn dir das nicht gelingt, versuche, sie wie eine Szene nachzuspielen. Wenn du es mit Freunden tun willst, umso besser. Dann kommst du über den Aufgabentext auch in ein Gespräch mit jemand anderem. Ihr könnt euch austauschen und diskutieren. Die Zeit, die ihr braucht, ist nicht

wichtig. Wichtig ist, dass du auf diese Weise einen leichteren Zugang zu den Texten bekommst. Fertige auch selbst kleine Schaubilder an, indem du dir z. B. die Aufgabe stellst, eine Woche lang alle Autos zu zählen, die zwischen 15 Uhr und 15.30 Uhr an deinem Fenster vorbeifahren. Falls das nicht geht, weil vor deinem Fenster keine Straße entlangführt, such dir eine andere Beobachtungsaufgabe, und stelle sie anschließend als Diagramm dar.

**Notizen:**

**Notizen:**

**Notizen:**

**Notizen:**